感知力

Perception
How Our Bodies Shape Our Minds

[美] 丹尼斯·普罗菲特
(Dennis Proffitt)
德雷克·贝尔 / 著
(Drake Baer)
张彧彧 孔垂鹏 / 译

中信出版集团 | 北京

图书在版编目（CIP）数据

感知力 /（美）丹尼斯·普罗菲特，（美）德雷克·贝尔著；张彧彧，孔垂鹏译. -- 北京：中信出版社，2023.5

书名原文：Perception: How Our Bodies Shape Our Minds

ISBN 978–7–5217–5518–3

I. ①感… II. ①丹… ②德… ③张… ④孔… III. ①感知－通俗读物 IV. ① B842.2–49

中国国家版本馆 CIP 数据核字（2023）第 063325 号

Perception: How Our Bodies Shape Our Minds by Dennis Proffitt and Drake Baer
Copyright © Dennis Proffitt, Drake Baer, 2020
This edition arranged with CAROL MANN AGENCY
Through BIG APPLE AGENCY, INC., LABUAN, MALAYSIA.
Simplified Chinese translation copyright © 2023 by CITIC Press Corporation
ALL RIGHTS RESERVED
本书仅限中国大陆地区发行销售

感知力
著者：　［美］丹尼斯·普罗菲特　［美］德雷克·贝尔
译者：　张彧彧　孔垂鹏
出版发行：中信出版集团股份有限公司
　　　　　（北京市朝阳区东三环北路 27 号嘉铭中心　邮编　100020）
承印者：　宝蕾元仁浩（天津）印刷有限公司

开本：880mm×1230mm 1/32　　印张：8.75　　字数：194 千字
版次：2023 年 5 月第 1 版　　印次：2023 年 5 月第 1 次印刷
京权图字：01–2023–0595　　书号：ISBN 978–7–5217–5518–3
定价：59.00 元

版权所有·侵权必究
如有印刷、装订问题，本公司负责调换。
服务热线：400–600–8099
投稿邮箱：author@citicpub.com

谨以此书
献给我们的家人

人是万物的尺度，是存在的事物存在的尺度，也是不存在的事物不存在的尺度。

——普罗泰戈拉（公元前490年—前420年）

观测自然之中的有机体，有机体中的神经系统，神经系统中的大脑，大脑中的皮质，如此方能解答那些哲学经常面临的问题。

——约翰·杜威（1925年）

目 录

引言　来自伴侣的迷人体味　V

第一部分
行　　动

第 1 章　**发育：婴儿是如何认识世界及其运行法则的？**　003
　　婴儿学走路　004
　　看世界的新方式　008
　　理解事物的方式　020
　　成年期的发展　023

第 2 章　**行走：我们的行走能力决定了坡道是陡还是平**　027
　　"走"出来的人类世界　033
　　表型与生活方式　038
　　生理学与心理学的结合　043

第 3 章 — **抓握：为什么"触手可及"可以增强专注力？** 049
  行动也有自己的思想 051
  眼随手动 061
  从视觉、感觉和思维的角度看"偏侧优势" 063

第二部分

认　　知

第 4 章 — **思维：流畅性让人更容易扯淡** 073
  直觉 076
  思想与生物能量学 080
  流畅性 083
  对"流畅性"以及群体决策的测试 088
  "流畅性"在现实世界中的一种体现："扯淡" 091

第 5 章 — **感受：情绪如何引起偏见？** 095
  感知情绪 099
  "做"还是"不做" 102
  社会疼痛 104
  感受与归因 107
  情绪决定了你看待人以及事物的大小和范围 112

第 6 章 — **语言：体验式阅读带来的意外效果** 119
  手、嘴以及模仿行为 119
  用手说话 124
  分门别类也要"说"出来 129
  具身词源学和意义的基础问题 131

关于"阅读"——肉毒杆菌毒素带来的启示 133

体验式阅读 136

第三部分

归 属 感

第7章 - 联结：情感的联结是减轻焦虑的秘方 143

联结性触摸 147

皮肤的社会属性 149

手牵手做核磁共振 151

友谊可以减轻负担 154

母亲和其他人 156

纽带的力量 159

认知老化和社交网络 164

第8章 - 认同：群体仇恨从何处来？ 167

群体内外成员如何影响我们看待事物的方式 170

"异族"效应和"去个体化" 176

会聚人心 183

人们因共同的目标而联结 185

第9章 - 文化适应：水稻文化与小麦文化 189

荣誉文化 190

文化相对性 194

分析性思维与整体性思维 196

中国的水稻文化与小麦文化 202

社会可供性与关系流动性 207

第 10 章 — "走"出来的路：我们从哪里来，未来将去往何方？ 211

 我们到过的地方　211
 我们未来将走向何处?　213
 未来之路　217

致谢　221

推荐阅读　225

注释　229

引 言
来自伴侣的迷人体味

如果你曾经拥有过一段浪漫而持久的恋爱关系,那么你或许已经察觉到你的伴侣(我们称他们为"亲爱的")身上有一种不同寻常的迷人气味,使其所到之处、衣衫之间,都散发出一种令人难以抗拒的个人魅力。爱人的香气使亲吻的过程更加美妙。原来,体味就像指纹一样独特,没有哪两个人闻起来完全一样。正因如此,即使众人踏过,猎犬也能沿途嗅出爱人的行踪。"亲爱的"身上独有的气味,取决于他们体内的"主要组织相容性复合体"(major histocompatibility complex,MHC),这是一组编码免疫系统的基因群。人类的MHC存在巨大的个体差异,每个人的复合体都是独一无二的。和其他许多化学物质一样(比如,我们摄取的食物中含有的化学物质),MHC也存在于汗液之中。猎犬能够追踪一个人独有的MHC。在恋爱关系中,爱人的MHC气味传递出一个重要的信息,即他们是否会成为理想的伴侣,一个可与之生儿育女的对象。

瑞士动物学家克劳斯·韦德金德在他的一项研究中发现,女性认为MHC与自己截然不同的男性的气味最令人愉悦且最具吸引力。[1]

这是因为进化适应性（evolutionary adaptation）在起作用：如果你和一个免疫系统与自己相似的人结合，那么有问题的隐性遗传性状就有可能被表达出来。近亲结合之所以成为一种禁忌，就在于会增加有害隐性遗传性状的表达风险。这也是为什么从法老到哈布斯堡家族，王室成员间的近亲婚姻会导致发育问题。保持血统"纯净"实际上会带来意想不到的风险，因此，进化会将你引向另一条道路：倾心于一个免疫系统与自己存在最大差异的人，其优势在于繁殖适度（reproductive fitness）——你可能会生出更健康的孩子。

但请注意，这种感知相当主观：对你个人而言，"亲爱的"好闻的体味是你与之结合的繁殖适应度的体现。换作拥有不同MHC的其他人，可能不会从这种体味中感受到嗅觉上的愉悦。你的情绪反应也不同于猎犬：猎犬或许能嗅出爱人的气味，却无法捕捉到可能繁殖成功的气息。体味和人的免疫系统一样独特，对体味的探究并非要将其划归客观的"好味"与"坏味"，而是要了解一个气味间相互作用的社交世界。"亲爱的"气息宜人，这是由你们二人的基因决定的，上面写着："让我们彼此了解，我们是天生的一对儿。"因此，体味是联结、合作以及爱的信号与力量。然而就像许多社会知觉一样，它也是排斥、他者化，甚至仇恨的手段与途径。第一批抵达日本的欧洲人，由于饮食中所含的大量动物脂肪而散发出一种令日本人甚为反感并联想到黄油的体味，他们因此被贬损为"臭黄油佬"（bata-kusai 或者 butter stinker），这种说法在现代日语中仍然存在。[2]

我们置身且成长于人类的社会生态之中，并在我们成长时所处的文化环境中形成了各种认知。我们自然而然地视肤色不同的人为"异族"（other races），这种偏好早在我们学会说话之前便已显露端倪。3个月大时，在同族环境中长大的婴儿更喜欢注视自己而非其他族群的人，这种现象在那些成长于更为多元的社会环境中的儿童身上则不太明显。到5个月大的时候，婴儿更喜欢注视那些说着自己母语的人，再大一点儿的孩子更容易接受母语人士递过来的玩具；当儿童进入学前教育阶段时，他们更喜欢和以"自己的"母语为母语的人做朋友。

这些发育偏好（developmental bias）导致了"异族效应"（other race effect），其表现为，在人们对属于其他种族的面孔进行感知和记忆的过程中，仿佛存在某种关乎社会分类的隐秘过滤装置，使人们较难回忆或识别出这些面孔。这一现象引起了广泛的研究，其中一项针对英国婴儿展开的实验表明，我们的社会认知范围似乎变窄了：3个月大的白人婴儿对非洲人、白种人、中东人和中国人的面孔具有同等的辨别能力；但当他们长到9个月大时，仅能辨别出不同的白人面孔。[3] 同样的情形也出现在中国婴儿身上。[4] 于是，就有了那句众所周知，但已不再为社会所接受的"你们这种人看起来都一个样"。如果你的生活经历使你的社会认知变窄，那么你对其他社会群体的人的认知将变得单一。对于背景相异的人，我们可能不会将其看作独立的个体，而仅仅将他们视为其他社会分类的成员，故而觉得"你们这种人看起来都一样"。而且，正如我们在本书中所揭示的那样，将一个人视为某个群体的一员——白人或黑人，自由派或保守派，"婴儿潮一代"或"千禧一代"——而不是将其看作独立的个体，这种"去个体化"的倾向，会令人产生"你们这种人的行为都一样"之感。

"去个体化"倾向与对"种族"不可磨灭的刻板印象和文化假设

相结合，就会产生种族偏见，人们会根据从文化中获得的有关"他们是什么样的人"的信念对他人进行自动分类。斯坦福大学心理学家珍妮弗·埃伯哈特向我们展示了种族刻板印象对知觉能力的影响。例如，当白人大学生看到幻灯片中闪过黑人面孔后，他们识别出武器以及与犯罪有关的物品图像的速度比看到白人面孔后更快。[5] 在这项研究中，随着一把刀或者枪的轮廓在空白背景下变得逐渐清晰，事先看过黑人面孔的大学生被试对武器的感知更加迅速。这一结果令人担忧。或许你思想开放，且受过良好的教育，但你仍不可避免地会带着个人成长过程中形成的偏见来看待世界。

21世纪初，两极分化在社会生活的各个领域普遍存在，这类偏见在政治舞台上表现得最为明显，尤其是在美国。一个政治人物在一些人眼里可能是美国价值观的捍卫者，而在另一些人眼中或许只是酒囊饭袋。身处同一个世界的理性人士之间，怎么会产生如此不同的看法呢？究其原因，我们认为是不同的个人经历使然。这些分属不同政治阵营的个体或许处在相同的物理世界中，然而他们对时事的主观体验却有着天壤之别。正如我们将要详细探讨的那样，这一方面是因为我们置身于自己所创造的社会化的世界之中；另一方面，我们所感知的一切，从坡道的倾斜度到一只玻璃杯的大小，都取决于我们是怎样的"个体"。

虽然科学家一直以追求客观真理为主要目标（这是理所当然的），但长久以来一直存在着一股对主观体验进行研究的潜流。我们在本书中所采用的研究方法借鉴了雅各布·冯·魏克斯库尔（1864—1944）的理论。这位名不见经传且姓氏冗长的波罗的海德意志生物学家偶然提出了一个关键概念，为本书提供了重要启示。冯·魏克斯库尔对不同物种如何体验相同的物理世界颇感兴趣。德语表达以其精准性而闻名,冯·魏克斯库尔则很好地传达了德语的这一特性。他对"周围环境"(*Umgebung*)和"主体世界"(*Umwelt*)[①]进行了区分,前者用以指称客观的物理环境,而后者指的则是特定生物对前者的体验。例如,尽管丹尼(丹尼斯的昵称)和他的狗露露一同穿过了田野,然而从露露的角度来看,丹尼错过了沿途大部分有趣的气味。你所感受到的即是你的"主体世界"。同一朵野花,对于一头反刍的牛、一只传粉的蜜蜂和一名采花的孩童而言,意味着不同的事物。科学研究往往更关注"周围环境",因此,生态心理学这一"主体"视角所受到的关注远不及前者。但这并不妨碍我们以科学的方法来研究主观体验,进而揭示出一系列与知觉有关的有用真相。这项工作要从一些最基本的问题开始。

假设你试图了解成为其他某种动物(比如鸟)是什么感觉,你可能会对它们的身体以及这种构造所能支持的各种行为进行判断,从而推论出其心理活动必然与飞行行为密切相关,并推断出由其生活方式引发的诸多问题。当我们试图去了解成为某种动物的感觉时,我们通常会问:它们是哪种动物?有着怎样的身体?有了这样的身体,它们会有哪些行为?这些思考是理解动物自身生活的世界,即其"主体世界"的一般出发点。

人的"主体世界"又如何呢?作为一个物种,我们生活在什么样的经验世界里?不同个体的经验世界之间,又有着怎样的差别?

---

① 学术界对于这一对术语有不同的译法。对Umgebung的译法包括"环境""现世界""周围的环境"等,对Umwelt的译法则包括"环境""环世界""周围世界""周遭世界""主体世界"等。——译者注

大多数当代心理学研究者并未注意到这一问题的生态本质，部分原因在于，我们天真地认为自己对"人之所以为人"了如指掌。但遗憾的是，我们对自身经验缺乏判断，而常识告诉我们，人对世界的体验是客观的。这就是社会科学家和哲学家所说的"朴素实在论"，即把我们所看到、嗅到、听到和触碰到的世界等同于世界本身。[6] 我们将自己的心理体验投向外部世界，误将这些心理体验当作物质世界，却对感官系统、个人经历、目标与期望在知觉形成过程中所起到的作用浑然不觉。例如，你可能会说某部影片很不错，并将这部艺术作品的成功归因于某种客观品质。但如果你用"我喜欢这部电影"来表达你对它的看法，或许更为准确。尽管我们天真地以为自己看到了世界的本来面目，然而事实并非如此。我们看到的是人的"主体世界"，且人各有异，各有其独特的"主体世界"。每个人的生活都像是《格列佛游记》的一个独特版本，我们所看到的人或物的大小、形状，取决于我们身体的大小，以及我们与周围环境的互动能力。我们对世界的体验告诉我们该如何融入这个世界。"亲爱的"宜人体味如同在说："爱我吧，我们很般配。"

当我们按照常识，假设所有人都体验着相同的世界时，知觉研究却表明，经验实在，即每个人通过视觉、听觉、触觉、嗅觉及味觉所感受到的世界，是独一无二的。对于身高分别为 4 英尺[①]7 英寸[②] 和 7 英尺 4 英寸的两个人来说，高度为 10 英尺的篮球筐具有完全不同的意义。下面的例子来自丹尼曾经的研究生，现就职于科罗拉多州立大学的杰西·维特教授的研究。[7] 杰西去了位于夏洛茨维尔的垒

[①] 1 英尺 ≈ 0.305 米。——编者注
[②] 1 英寸 ≈ 0.025 米。——编者注

球联赛球场,比赛结束后,她向球员展示了一块大海报板,并让球员从上面的一组大小不同的圆圈中,找到与垒球大小相同的那一个。随后,她让他们报告自己在刚刚完成的比赛中的安打数和打击数。为了吸引球员参与这项调查,杰西向他们提供了免费的运动饮料。她发现,球员的击球率(安打数除以打击数)越高,其报告的垒球尺寸就越大。成功的击球会影响击球手对垒球尺寸的感知,这一发现也印证了米基·曼特尔在击出一记特大号全垒打后所说的话:"我真的无法解释,我刚刚看到的球像柚子那么大。"[8] 效力于波士顿红袜队的乔治·斯科特也有过类似的表述:"击中一个球的时候,它看起来就像一个柚子;而没击中的时候,它看起来就像一颗黑豌豆。"[9] 正如丹尼与他的合作者,以及其他一些人所指出的那样,精准推杆入洞的高尔夫球手看到的球洞更大[10],成功射入定位球的美式橄榄球球员看到的立柱更宽、横梁更低[11],优秀的弓箭手——以及飞镖选手——看到的靶心更大[12, 13]。同样的距离,在体态臃肿、筋疲力尽的人眼中要比在身材苗条、精力充沛的人眼中更远。[14] 游泳健将会感觉在水下游过的距离更短,穿游泳脚蹼的人亦有同感。[15] 如果手中持有可以协助的工具,比如一个可以帮助你从杂货铺货架顶层取下麦片盒的工具,那么你就会认为物体距离你更近。[16] 倘若你一路开车而非步行,则会觉得路程更短。[17]

当心理学家对人类进行研究时,很少会从"我们在观察哪种动物"、"他有着怎样的身体"以及"这样的身体能做出哪些行为"这类调查其他动物时自然会提出的问题出发。相反,我们生活在一个大脑与身体相互分离的时代。德雷克多年的数字新闻从业经历告诉他,一位科学作家若想让自己的文章登上头条,只需声称某种新的疗法或技术"改变了你的大脑"（任何改变体验的东西的确都会改变大脑）。计算机轴向断层扫描（简称CT）出现在了刑事法庭上。[18] 而"神经"（neuro）一词早已跨出了生命科学的范围，成为一个被肆意使用的前缀，衍生出"神经伦理学"（neuroethics）、"神经经济学"（neuroeconomics）以及"神经营销"（neuromarketing）等领域。可以预见，对神经哲学家来说，"自我"就是大脑；对认知科学家而言，大脑是一台计算机，可以进行抽象的、符号化的计算。身体可能仅仅是将人的大脑从此地运送到彼地的一种方式，除此以外，无关紧要。

然而，当前的知觉研究表明，我们思考、感觉以及存在的方式都不可避免地要受到来自身体的影响。身体和大脑密不可分，本书所研究和宣扬的正是这一事实。我们对自己的身体了解得越多——它们能做什么、需要什么、必须避免什么——就越能深刻地了解我们自己以及我们的生活。为此，我们需要将大脑放回体内。

1852年，沃尔特·惠特曼创作了他最著名的诗歌《我歌唱带电的肉体》。[19] 这首诗以人体本身为核心意象，诗句鲜活生动，贯穿着走路、欢笑、抓握等肉体行为。惠特曼所说的"电"指的是活着的体验——奔放、真切而又强烈，高贵、大胆而又具体。在接下来的章节中，我们将对"带电的肉体"展开科学探索：我们有着怎样的身体？它对我们的行动、认知以及我们与他人建立联系的方式有着怎样的影响？

第一部分

行　动

第 1 章

发育：婴儿是如何认识世界及其运行法则的？

人们对婴儿时期或学步阶段的经历几乎没有记忆，没有人能解释清楚这到底是因为什么。而且，我们无法要求婴儿直接报告自己的经历，因为他们还不能说话。所以，要深入了解婴幼儿的心智发育过程，研究者需要从一些切中肯綮的关键问题入手：婴幼儿拥有什么样的身体？他们的身体如何随年龄的增长而发生变化？有了这样的身体，他们会有哪些行动？人们从这项研究中得出的一个最具普遍性的结论是，儿童可以通过对自身不断发展的运动技能的简单重复，来认识世界及其运行法则。这就是人类知识的起源。儿童在其成长过程中首先发现，世界上充满了可以啃咬的东西；随着时间的推移，他们可能会抓握、抛掷、滚动或者揉捏这些东西。起初，没有人教孩子如何探索周围的环境。知识的来源是运动和游戏。孩子们在爬行、走路、摔倒等主动创造的经验中理解了自己的经历。此外，我们在童年时期学到的东西，构成了未来所有新经历和新发现的基础。如果我们要做一些研究来了解儿童的感受，就需要设计相应的实验，让孩子可以自由活动。

婴儿学走路

在纽约大学的婴儿行动实验室里，科研人员每天都忙碌于各种"宝宝活动"。在发展心理学研究先驱卡伦·阿道夫的带领下，该实验室揭示了许多有关孩子如何发现自己的身体在所处世界中的行动的信息。德雷克造访实验室那天，与团队调查有关的各项工作正在同步推进。研究助理忙着编码从世界各地远程传回的实验室数据，其中一项研究与中亚地区的一种传统育婴方式有关，在那里，婴儿每天被包裹在摇篮里约 20 个小时之久，直至 18 个月大（别担心，他们成长得很好）。行动实验室的其他研究人员则进入婴幼儿的家庭，对他们的自然活动状态进行观察。一些家长带着 5 岁的孩子来到实验室，看他们如何应对阿道夫所说的"日常物品的隐性可供性"。例如，孩子们如何在不断扩大的自身环境中利用周围物品主动游戏，是利用一个纸巾盒，还是打开一个水瓶。

高挑瘦削的阿道夫在她的实验室里精准、快速地走来走去。有人猜测，这种工作状态是她几十年来统筹兼顾蹒跚学步的孩子、孩子们的母亲以及一批接一批的研究生、博士后和本科生研究助理的产物。她是"仙女教母"的化身，也是一位疯狂的科学家，更是一位富有批判精神且值得敬重的女性。为了在自己的研究领域取得突破，她不仅提出了新的假说，还根据实验需要设计了许多奇特迷人的平台、可供翻滚爬行的垫子以及各种类似攀爬架的设施，以测试人类宝宝究竟是如何学会感知世界并行走其间的。阿道夫的热情极具感染力。的确，还有什么能比研究人类如何通过成长和游戏来获得对世界的常识性理解更加有趣呢？

从正门进入实验室，转过拐角，经过电脑间，就可以看到一个明亮、温馨的游戏室。步入其中，仿佛置身于优质儿童电视节目的录制现场。这里就是婴儿行动实验室的实验场地，其氛围颠覆了人们对"实验室"环境沉闷、无聊的刻板印象：阿道夫的实验室光线充足，但并不刺眼，原色设计随处可见。成排的玩具架倚靠在近门的墙上。在房间中央的宽阔地带，有一个凹下去的长条，其形状和样子像一个跳远的沙坑，只不过里面没有沙子；正对门的墙上挂着一个横过来的梯子，实际上这是一组可调节的攀爬架；另外几面墙附近摆放着的，就是阿道夫在学界最广为人知的那些装置。阿道夫不但想了解婴幼儿能做什么，而且还想知道他们认为自己能做什么。例如，一项针对婴儿爬行行为的典型研究，其调查内容可能包括他们能够顺利爬下而不致翻倒的最大陡度，他们尝试向下爬行的最大陡度，以及他们对自身能力的认知如何随经验的增加而改变。为了回答这些问题，阿道夫使用了一些高度和角度可以精确调节的平台和坡道。这些装置是与工业设计伙伴长期合作的成果，可根据实验需要对斜坡、人造悬崖以及间隙进行调整。每个装置上都安装了减震脚，以免它们因地板发生不同程度的振动（当地铁从建筑物下方隆隆而过时，确实会发生这种情况）而失去平衡。除此之外，整个房间都在摄像头的监控之下，因此婴儿的所有行为都会被捕捉下来，待测试结束之后进行编码。当阿道夫展示她的装置时——传动装置和车库门开启器，斜坡和栏杆——所有这些设计精湛却平易近人的工业产品，都令人想起《变形金刚》系列电影。尽管实验室很复杂，但对于婴幼儿和他们的父母而言，这里是令人感到舒适和轻松的地方。"即使宝宝戴着耳机，每个人也都很开心。"她说。

婴儿研究者是世界上最具创造力的科研群体之一。他们必须如此，婴儿不会说话，所以你不能向他们提问。青年人是心理学实验被试的主力军，与他们不同的是，婴儿被试并不遵守实验人员的指示。你必须打造一个适合宝宝的实验环境，让他们可以自由行动，从而向实验者展示他们知道什么、有能力做什么。当参与研究的婴儿进入实验室时，阿道夫或她的同事首先要与他们的养育者进行确认，获取他们的同意。办完相关手续之后，他们要为婴儿穿戴必要的实验装备。例如，佩戴用来追踪眼动轨迹的微型头戴式摄像机；再比如，为他们穿上加重背心或特氟龙鞋测试孩子们如何去适应身体动态平衡的改变。阿道夫提醒研究人员，实验的运行实际上是"一场注意力高度集中的集体协作"，父母站在近旁，一名研究人员则要紧靠在婴儿身边防止他们摔倒。如果婴儿从平台上跌落下来——对于刚开始走路的婴儿来说，这种情况是有科学规律可循的——那么研究人员就要在半空中将其接住。

阿道夫努力追求心理学上所说的"生态效度"，即实验情境的设定越贴近真实生活，则越可能得到有关人类行为的准确信息，因为这些行为是自然发生的。以初学走路的婴儿为例，一个多世纪以来，研究人员曾推断，蹒跚学步的孩子会选择A、B两点之间最短、最有效的路线直行。阿道夫曾持有同样的想法，直到她偶尔发现了一组实验结果，表明事实并非如此。那次实验意义重大，当时与她一起工作的研究生不太擅长"在半空中接住婴儿"这项操作，因此他们将测试平面由高台转移到了地板上。然后,当阿道夫让婴儿走路时,他们就是不走直线。阿道夫意识到了这一现象的重要性,于是她联系了所有据她所知做过此类步行研究的同行,而他们都报告了相同的模式。所有研究者都只保留了小部分实验数据,因为婴儿的行走路线毫无规律可言。四处走动是常态,走直线则是例外。

阿道夫指出,婴儿沿直线行走的假设反映出科学研究中一个更大的问题:实验总是以便于实验者的方式进行的,比如测试直线运动,然后构建用于解释实验现象的理论,再将这些理论视为真相。实验心理学创始人之一威廉·詹姆斯称这类情形为"心理学家的谬误":心理学家并没有看清人类行为的本质,他们对人性的看法因他们对人性本应如何的先入之见而存在偏差。

卡伦·阿道夫是少有的能在实验结果与预期不符时,将自己的假设暂时搁置一旁的研究者。当她发现,自己研究的婴儿并未像文献中所指出的那样沿直线行走时,她决定研究婴儿在不受约束的情况下是如何自然行走的。这些研究的结果表明,婴儿不受效率支配,而是在自己的世界里随心所欲地手舞足蹈。我们可以让婴儿"走木板",从而对线性行走进行研究,然而结果意味着什么呢?这不是婴儿自然走路的方式。要想研究婴儿的行为,就要允许他们自由行事。阿道夫是婴幼儿发展生态学研究方面的大师。

在阿道夫刚刚成为心理学专业本科生的时候,有一件事对她影响至深。她回忆说,当时她因为一场有关知觉研究的讲座而心烦意乱,于是哭着去找自己的导师。那次讲座所呈现的内容既传统又保守。无论当时还是现在,有关"知觉"的主流看法皆是一些空洞老套的表述,类似于"历史由一系列事件组成"这样的陈词滥调。所谓"视知觉"指的就是这种过程:首先,光线在视网膜上成像。然后,视网膜提取图像的某些特征,将它们传至视觉皮质进行处理,再进行更多处理,如此这般。这样的表述永远不会向听众或读者传达一个事实,即这一切都发生在一个有生命、有行为能力且有目标的活生生的人的身上。

"不可能,视知觉不是这么回事。"她记得自己当时泪流满面地说。导师看着她,说道:"嗯,你说得没错。"随后,他走到自己的书架前,取下一本书递给了她:"读读这个。"那是詹姆斯·吉布森的第二部著作《感觉作为知觉系统》。"我就像突然找到了方向一样,"阿道夫说,"那是我人生中最重要的一次顿悟。"从此,她开始关注詹姆斯和他的发展心理学家妻子埃莉诺·吉布森,人们亲切地称他们为"吉米和杰姬"。[20](为简明起见,我们将在本书中这样称呼他们。)在二人的共同努力下,吉布森夫妇彻底改变了我们对视知觉及其发展的看法。

看世界的新方式

常识告诉我们,世界就像它所呈现的那样,我们对世界的经验就是其本来面目,所见即真实。当公交车迎面而来时,我们总是在路边等候,而不是走到它的前面,因为我们坚信,过往经验是真实可靠的。这种朴素实在论的观点认为,世界与我们的经验之间存在着一一对应的关系。

然而稍加审视,我们便会发现朴素实在论与事实不符。首先,视觉的刺激信息(射入人眼的光)投射到眼睛底部的视网膜上(神经系统的光感受器细胞所在的位置)形成了图像。该视网膜图像是二维、倒立的,且不具备在我们的知觉中普遍存在的恒定属性。例如,物体在视网膜上所成图像的大小随距离而变化(物体越近,图像越大),然而我们对物体大小的感知却是恒定的。拿起一支铅笔,将手臂向前伸直,然后让它逐渐向面部移动。注意,铅笔的外观变大了,但我们对其实际大小的感知却保持不变。

那么,当铅笔在眼中所成图像的大小随着距离的变化而发生改变时,我们为什么会认为其大小是恒定的呢?一种现成的解释是,我们知道铅笔的大小,且当我们来回移动它们时,其尺寸不会发生改变。在哲学上,这种解释被称为"唯心主义",它认为,不甚精确的视网膜图像会随着人们在进化或个人学习经验中所获知识和记忆的积累而扩充和增强。19世纪伟大的医师、物理学家赫尔曼·冯·亥姆霍兹将这一增强过程命名为"无意识推理"。根据他的说法,如果你感知到某个物体是铅笔,那么你就会感知到它具有铅笔所具有的那些属性。

在过去的150年里,"无意识推理"作为一种被普遍认可的机制一直占据着主导地位,通过这一机制,视网膜图像可以转化为对世界的感知。然而,吉米·吉布森并不这么认为。他认识到,"无意识推理"的问题在于这一过程永远无法开启,根本起不了作用。婴儿需要先了解世间万物的所有属性,才能感知到事物具有这些属性。[21] 但这些知识从何而来?比如,如果婴儿看到的只是铅笔投射到眼底的图像,而图像的大小随距离的变化而变,那么他们应该如何获知铅笔的正确尺寸呢?婴儿应当如何学习世界上真实存在的事物?这不太可能。吉米认为,整个过程是站不住脚的。"我们应该重新开始。"他说。然而，科学家也和其他人一样，不喜欢改弦易辙，尤其是在他们职业生涯的晚期。尽管吉米拥有了一些追随者，但大多数情况下，吉布森夫妇和他们的学生不得不孤军奋战。

那么，我们如何"重新开始"？和许多科学家一样，吉米的生活经历塑造了他的世界观。吉米在密歇根湖岸边长大，他的父亲是一名列车员。在父亲执勤的列车上，小吉米常常站在车头或车尾遐想联翩：为什么当列车向前飞驰时，世界似乎变得越来越大？当他站在车尾时，世界却缩成了地平线上的一个点？这些经验告诉他，当我们移动时，视觉世界中的所有事物也会随周围环境有规律地移动。这种一切都随着我们的移动而移动的方式叫作"光流"，它很容易被注意到。比如，回想一下夜晚在乡村公路上开车的情景。附近的栅栏似乎移动得很快，而远处的山丘则移动甚缓。驾驶者观察到的物体移动速度随距离远近而存在的差异，实际上展示出它们的相对距离——快速移动的物体在你附近，缓慢移动的物体距你较远。距离可以通过光流得出——当我们开车、跑步或步行时，物体经过我们身边的速度取决于我们行进的速度，以及这些物体距离我们的远近。距离不需要推断，因为运动的观察者能从可知信息中将它们直接推导出来。类似地，物体在视网膜上的投影随着物体接近或远离我们而增大或缩小，它们的实际尺寸可以从其不断变化的投影尺寸中得出。例如，铅笔的实际尺寸可以通过你将它来回移动时大小的变化来确定。这就是吉布森理论的基本观点：知觉所依据的信息并非静态的、平面的视网膜图像，而是光流，即观察者在移动时目标物体所发生的运动。

吉米于1928年起任教于史密斯学院，直至1942年，这位年轻的视觉研究者因战事而被征入美国陆军航空队。他的指挥官提出了一些疑问，与他 8 岁时的想法很相似：飞行员如何让飞机着陆？我们如何帮助他们做得更好？同样地，一个人如何从一个地方走到另一个地方？这些问题看似基础，但百年来的视觉研究成果未能解答吉米的疑问。当时，知觉研究尚未触及这些问题。

吉米在美国陆军航空队服役时发现，我们所看到的并非一个以厘米和毫米为度量单位的客观世界。确切地说，我们所感知到的是吉米所说的"可供性"。他后来在《视觉世界的知觉》一书中对此进行了详细阐述，并凭借这本书在自己的领域声名鹊起。

"可供性"指的是我们适应特定情境的方式，或者物体及其表面形态为具有特定身体和行为技能的有机体所提供的行动可能性。对于一个体格健全的人而言，坚实的地板可供行走，池塘的水面则不行。石头可供抓握和抛掷，只要尺寸得当，重量适宜。吉米写道："环境可供性指的是环境为动物所提供的内容，及其给予或者贡献的一切事物，无论好坏。字典中可以找到动词'提供'，但是找不到名词'可供性'——我创造了这个词，它与动物和环境二者皆有关联，没有现成的术语可与之对应。它揭示了动物与环境之间的互补性。"[22]吉米称自己对知觉的描述为"生态方法"。他指出，知觉是有生命的有机体在积极探索其所处环境的过程中获得的一种能力。早在婴儿时期，人们就可以感知到这些可供性的存在，而它们在后来也将继续构建我们的日常经验，无论是扔球、投资，还是决定是否信任某人。

吉米断定，只要有机体可以自由地移动并对其周围环境进行探索，视觉信息便是充足的，无须借由知识、记忆或无意识推理来补充。你所看到的取决于你能做到的事情。更确切地说，一个行动自由的有机体所看到的,是其自身目的驱动行为的视觉产物。步行者会体验到世界如何在她行走时从自己身边经过,同时也会体验到与步行相关的能量消耗。她将发现可抓握物体的视觉特性,以及可以步行上升的斜坡。她将察觉到自己所处世界的可供性。这并非朴素实在论,因为有机体所感知到的世界的可供性,因其物种、身体、行为方式以及独特的个体差异(例如生活经历、目标和期望等)而有所不同。这也不是唯心主义,因为对可供性的感知并不依赖于既存(或者说"先验")知识。生态现实主义认为,我们所感知到的世界并非其本来面目,而是我们所理解的世界。这就是吉米的见解,他向身体如何影响大脑这一问题的答案又迈进了一步。

"吉布森项目"不仅是吉米的项目,也是杰姬的项目。[23] 年轻的吉布森教授曾是她的老师,他们二人是在史密斯学院的毕业游园会上相识的,当时吉米负责招呼客人,而杰姬负责向客人提供潘趣酒。结构性性别歧视的存在使杰姬在很长一段时间里都无法获得学术职位。而康奈尔大学有一项"反裙带关系"规定,这意味着当吉米在那里工作时,她不能同时在该校担任教职,所以她只能做一名无薪酬的研究助理。她曾被几个实验室拒之门外,因为做实验非"淑女"所为。在心理学领域,发展心理学这一分支被认为是"妇女的工作",对她来说较为合宜。

杰姬的研究始于康奈尔大学的行为农场。在那里,她饲养了一批用于心理学研究的动物,包括山羊、小猫、乌龟和老鼠。人类婴儿和人类以外的其他动物无法向我们讲述有关其自身经验的任何信息,因此必须展开精准巧妙的行为实验,并通过他们在实验中的行为表现来推断其心理活动。杰姬与理查德·沃克展开合作,后者是康奈尔大学的一名教员,具有实验室准入权,这一点对他们的研究至关重要。他们一起设计完成了 20 世纪中叶最具代表性的心理学实验之一。

吉布森和沃克在 1960 年进行的这项实验因他们所制作的实验装置"视觉悬崖"而为人们所熟知。[24] 尽管你可能并不想在家里带宝宝尝试这个实验,但制作这个装置非常容易。实际上,"视觉悬崖"就是一张婴儿可能从上面跌落下来的桌子。将厚玻璃板放在桌子上,一直延伸到婴儿可能跌落的部分上方,就构成了一个"视觉悬崖"。你创造了一种视错觉。如果体重够轻(比如一个婴儿或者一只小猫),就可以从"悬崖"上爬过去,并获得来自透明表面的支撑,就像摩天大楼、大峡谷等一些地方所采用的令寻求刺激者感到兴奋的玻璃地板。

实验是这样进行的:小约翰尼(所有男婴被试)被放在桌面中央,"悬崖"的边缘附近。妈妈先从像"悬崖"的一侧呼唤他,然后再换到看起来较浅的一侧。正如吉布森和沃克在 1961 年发表于《科学美国人》杂志的文章中所写,这种视错觉起了作用。他们写道:"当母亲站在像'悬崖'的一侧呼唤时,许多婴儿爬向了远离母亲的另一侧;另外一些婴儿则哭了起来,因为如果不穿过明显的深坑就无法到达母亲身边。这一实验表明,大多数人类婴儿一旦学会爬行,就具有了辨别深度的能力。"这 27 个婴儿中,每个婴儿都至少有一次快乐地爬过了桌面较"浅"的一侧,但只有 3 个宝宝敢于爬过明显的"深渊"。

人类以外的其他动物则是另外一种情形。如果它们是被正常饲养的,它们会避开"悬崖"的"深渊"。但是,有些小猫是在黑暗环境中长大的,这些小猫的视力很好,然而它们缺乏四处走动,以及在有光照的环境中进行探索的经验。当这些小猫被放到"视觉悬崖"上时，它们走向较"深"或较"浅"一侧的频率相同。从这些小猫的行为来看，它们似乎并不觉得走下"悬崖"有什么不对。然而，当这些小猫在光线充足的环境中正常生活一周之后，它们的表现也和那些正常长大的动物一样，会竭力避开"视觉悬崖"较"深"的一侧。

这些实验结果在当时乃至现在，都具有重大而深远的意义。首先，这些实验结果表明，"能看见"和"理解所见之物"是有区别的。该实验中所有小猫的视力都很好，即使是猫咪验光师也无法将它们区分开来。然而与正常饲养的小猫不同，在黑暗环境中饲养长大的小猫起初并不知道应该避免走下"悬崖"。这就引出了该实验的第二层深意：如果让小猫在其视觉世界中自由探索，它将很快了解到其周围世界的可供性，例如，它将学会在某些物体的表面而非稀薄的空气上行走。不过，由于实验本身的局限性，这项研究为该领域留下了一些悬而未决的问题。显然，人类婴儿不应在黑暗的环境中被抚养长大，并且必须长到足够大的时候（五六个月大）才能爬行。当我们对爬行中的婴儿进行测试时，他们会避开"视觉悬崖"较"深"的一侧，这表明他们对爬下"悬崖"的后果有所了解。但是那些还不会爬行的婴儿呢？他们知道从"悬崖"上掉下去会发生什么吗？

20 世纪 90 年代初期，由加州大学伯克利分校心理学家约瑟夫·坎波斯领导的研究团队[①]试图对上述问题做出解答。[25] 首先他们

---

① 该研究成果的第二作者贝内特·伯滕塔尔是丹尼在弗吉尼亚大学的同事，丹尼对婴儿发展及其研究方法等相关内容的了解，大多是从贝内特那里学到的。

测试了 7 个月大的婴儿，其中 1/2 的婴儿已经开始爬行，另外 1/2 则没有。通过这些婴儿身上所佩戴的心率监测器，他们能够评估出婴儿对"视觉悬崖"的情绪反应。婴儿的父母被安排在隔壁的房间里，然后由女性实验人员将婴儿放在"视觉悬崖"的较深的一侧。结果是：已开始爬行的婴儿的心率上升了，这表明由某位陌生人将他们带入深坑激发了他们的情绪（"啊！"）。而那些还不会爬的婴儿的心率则下降了，表明他们注意到了"悬崖"，且对它产生了兴趣，但"悬崖"并未激发任何情绪或使他们受到惊吓。显而易见，还不会爬行的婴儿并不知道"深度"意味着什么——他们并未因可能跌至"视觉悬崖"深处而受到生理上的刺激。为什么爬行能力会影响婴儿对掉下"悬崖"的理解呢？在解答这一问题的过程中，坎波斯及其同事受到了一篇科研论文的启发。这篇文献是发展心理学领域最为深入的研究成果之一，文章指出，诸如爬行、走路之类的自主位移是意义构建的关键环节。

20 世纪 60 年代初，在杰姬·吉布森完成其"视觉悬崖"实验几年之后，麻省理工学院的视觉研究先驱理查德·赫尔德以猫为实验对象进行了另一组研究，这些研究后来被称为"小猫旋木"实验。[26] 在这些研究中，成对的小猫在实验阶段获得了视觉体验，其他时候则被饲养在黑暗的环境中。在有光照的实验阶段，两只小猫被放置在一个小型转盘上，其中一只小猫可以控制自己的行走，而另一只则依靠转盘被动地移动。想象一个没有马的旋转木马，但是它有两个篮子，彼此呈 180 度，每个篮子里有一只小猫。其中一只篮子的底部有 4 个洞，小猫的腿可以穿过这些洞伸到地面，这样当小猫走路时就可以驱动旋木。另一只小猫所在的篮子则没有洞，所以这只小猫只能被动地移动。在这样的饲养方式下，两只小猫的视力都很好，它们的视觉系统发育正常。但从它们的行为表现来看，处于被动状态的小猫似乎并不清楚自己眼见之物意义何在。它们在控制爪子方面存在问题，也无法区分"视觉悬崖"的较深的一侧与较浅的一侧；当有物体靠近眼睛时，它也不会眨眼。

坎波斯及其团队利用从"小猫旋木"研究中汲取的经验，来破解人类婴儿到底是如何获得理解高度的能力的。继"小猫旋木"实验之后，研究人员又以婴儿为对象进行了一组新的实验。他们将参与实验的婴儿平均分为两组，其中一组婴儿带着"婴儿学步车"回到家中，而对照组则没有。"婴儿学步车"是一种迷你小车，婴儿可以被安置在一个座位上，其双脚可以触及地面，类似于"小猫旋木"中驱动旋木的小猫所处的状态。"学步车"的座位四周都装有保险杠，下方有轮子支撑。就这样，一个尚不会爬行的婴儿现在可以依靠自己的双脚在房间里四处移动。在这组实验中，处于步行状态下的婴儿在返回实验室之前必须完成至少 32 个小时的自主位移。接下来，实验人员再次使用心率监测器，将婴儿放到"视觉悬崖"的深处。这一次，有行走条件的婴儿因心率升高而触发了警报，对照组的婴儿则没有。尽管这些婴儿的行走能力是在婴儿学步车的"人为"协助下获得的，但他们对"悬崖"的反应与那些在自然状态下已开始自主爬行的孩子是一致的。

我们可以从"小猫旋木"以及随后的"婴儿学步车"研究中了解到有关婴儿发展的一些关键内容。从更为一般的意义上讲，这些内容也关系到经验如何塑造了我们的生活。首先是"能动性"问题，为了充分理解正在经历的事情，我们需要参与经验的创造过程。我们在学习爬行和走路的过程中理解了我们所看到的事物。这就如同坐在副驾驶位置与驾驶员位置之别。如果你亲自驾车，而非漫不经心地坐在副驾驶位置上，那么你可能更容易记住去朋友家所需经过的那些弯路。而如果你坐在副驾驶位置上，你将获得同样的视觉信息，但这些信息对你来说意义不大，你也不会专注于其中。同样，旋转木马上被动移动的小猫所获得的信息与处于主动状态的小猫相同，但是对前者而言，这些信息与其自身行动无关。处于主动状态的小猫创造了它的经验，而处于被动状态的小猫则只是经历了这一过程。对于能够自主移动的婴儿和仅在他人协助下才能移动的婴儿来说，情况也是如此。

接下来是动作发展的"使能性"问题，即一件事引发了另一件事，能力之间产生了级联效应。就像坎波斯及其同事在1992年发表的论文结论中所指出的那样："由一个行为领域的功能发展所带来的新的经验，会对情感、社交、认知以及感觉运动等其他发展领域产生深刻影响。"[27] 婴儿学会爬行，然后学会走路，从而改变了一个家庭的社会生态。如果他们愿意，他们可以对世界进行更多探索；他们可以待在养育者身边，并从养育者那里得到有关家中物品被禁止或允许其触碰的各种回应。

这让我们又回到了卡伦·阿道夫和她的研究。从吉米的著作中获得启示之后，她来到亚特兰大的埃默里大学，师从杰姬攻读博士学位。阿道夫回忆说，在她博士生涯初期，有一次她在日托中心看到几个婴儿爬上一个柜子后无法下来。她把自己看到的告诉了杰姬，杰姬回复道："这很有趣，亲爱的。那么你为什么不跟进一下呢？"从那以后，阿道夫一直在研究婴幼儿对他们能做和不能做的事情有着怎样的认识。

2000 年，阿道夫开始着手解决为什么自主位移经验——无论是爬行还是使用婴儿学步车——是避开"视觉悬崖"深处或情绪被其激发的必要先决条件。她的研究为其所在领域带来了变革。阿道夫推测，婴儿在移动自己身体的过程中懂得了让脚（或者手和膝盖）处于坚实地面之上的重要性。爬行是一种学习方式，在爬行的过程中，我们必须"脚踏实地"，而不能凌空移动。

于是，阿道夫利用她的实验室装置对一组 9 个月大的婴儿进行了测试。在这个实验中，婴儿坐在一个实验平台上，面对着另一个平台，中间有一道空隙。对面的平台上放着一个令婴儿着迷并有可能抓到的玩具。然后，阿道夫让这些婴儿以坐或爬的姿势去够这个玩具。接下来，实验者会移动婴儿对面的平台，并多次调整平台之间的距离，观察婴儿何时会伸出手去拿对面的玩具，何时决定避开危险并留在原地。婴儿运动能力的获得遵循一定的顺序，首先学会坐，接着学会爬，然后学会走。阿道夫发现，一个能够自己坐着的婴儿所学到的关于距离等方面的知识，并不会迁移至学爬阶段。对于一个已经完全能够自己坐着但尚不擅长爬行的婴儿来说，当他们处于坐姿时，他们能够精确地判断出何时能够拿到玩具，何时不能。然而，当他们处于爬行姿势时，他们根本不清楚自己在做什么。接近 1/3 的婴儿被试似乎完全没有意识到过大的空隙所带来的危险。"事实上，6 名婴儿在坐姿时表现出了精确的回避反应，但当处于爬行姿势时，他们无法对自身能力做出判断，"阿道夫写道[28]，"处于爬行姿势时，他们尝试着爬向所有距离的空隙，包括 90 厘米的空隙，这无异于爬向空气。"在后续实验中，这种现象更加明显，也更令人震惊。面对相似的平台间距，那些已经成为爬行高手的孩子不会铤而走险地越过空隙；当这些孩子开始学走路时，他们会蹒跚着径直迈向"悬崖"，就像一些残酷惨烈的歪心狼系列动画中呈现出来的样子。通过对不同运动模式的数百次测试，阿道夫和她的同事一次又一次地发现，婴儿在一种运动模式下所获得的对距离的认识，并不会迁移到另一种运动模式中。从坐到爬再到站立，孩子必须在各种特定的运动形式下重新学习空间的意义。在观察者的眼中，学步的幼儿在房间里扶着家具移动——专业上称之为"巡行"，就像滑冰初学者依靠滑冰场的墙壁来支撑身体一样——看起来几乎就是在走路。然而事实上，二者并不能等同。

当婴儿爬行时，他们并不是在学习诸如 20 厘米的空间意义等客观事实，而是在学习不同物体、不同情境对他们的身体和行动能力而言意味着什么，就像旋转木马中的小猫一样。用吉布森的术语来说，婴儿是在学习相对于他们自身的空间可供性，因此在进入步行阶段之后必须"重新学习"那些在爬行阶段已经掌握的间隙、悬崖或者坡度。尽管环境可能是相同的，但对孩子来说却是全新的体验。当婴儿学习爬行时，他们就会学到爬行的可供性，即了解在物体表面爬行的机会和代价。刚学会走路时，他们的表现就像那些在黑暗中长大的小猫一样。他们不了解世界能为这种新获得的技能提供什么。童年时期，随着移动方式的更替，儿童也在不断成长发育的过程中学习各种新的可供性。

儿童对世界的理解一直追随着其行动能力的发展脚步。如果你认为青春期是身体发育呈现出惊人变化的阶段，那么就试着向上追溯，来看看学步期的情形：在出生后的头两年里，身高翻倍，体重几乎长了 4 倍，头围扩大了 1/3。这个过程不是随意、渐进的，而是间断性的。婴儿可能会在一个晚上长高 1~2 厘米，也会在他们醒来和再次入睡之间"缩小"约 1 厘米。所以实事求是地讲，婴幼儿时期才是人类身体的"猛长期"。

每个婴儿都是科学家，都在不断地进行实验，以解决他们在行走中遇到的问题。阿道夫写道[29,30]，学习走路的过程反映出一些"个性化、独特的解决方案"。在独立行走的第一个月里，幼儿采用的步态策略是多种多样的："挪步式行走者"会小心翼翼地迈出微小的步伐，以尽量保持其直立的姿势；"前倾式行走者"身体向前倾倒，这就要求他们的脚步必须不断追赶自己的上半身；"摇摆式行走者"则是先摆动一条腿，然后摆动另一条腿，就像一个在几何课上感到无聊的学生在课桌上移动圆规那样。这些蠢萌的步态将持续约一个月，接下来，孩子们将进入到标志着正常步态的"钟摆式运动"阶段。经过两个月的练习，他们的行走速度会随着步幅的增大而提高。除了能力上的改变，婴儿还必须应对影响他们行为能力的其他因素。以尿布为例：阿道夫发现，就孩子步态模式的成熟程度而言，穿布尿片"相当于失去两个月的行走经验"，而穿着薄的一次性纸尿裤则相当于失去 5 周的行走经验。当学步儿童穿上尿布和裤子时，比起只穿着尿布，他们迈出的步子会更小。

理解事物的方式

你可能已经注意到了，婴儿总是在啃咬、投掷或者挤压东西。那是因为，这些婴儿确实在探索世间万物的运作方式，就像阿基米德踏入浴缸注意到了水位的上升那样。瑞士发展心理学鼻祖让·皮亚杰大胆而极具预见性地指出，现实是在婴儿的头脑中逐步建构起来的（他的一本著作名为《儿童现实的建构》）。4个月大时，他们可以试着伸手去抓握物体了，可供利用的经验也变得越来越多：抓握、敲打以及吸吮几乎所有的东西——这些都是婴儿理解重力、三维等世界运行法则的方式。

在出生后的第一年里，婴儿发现，当他们做一件事时，世界会做出回应（能动性）。皮亚杰也观察到，当他将丝带的一端系在襁褓中的女儿脚上，并将另一端系在位于她上方的风铃上时，她是多么高兴——小吕西安娜时而大笑，时而微笑，时而喃喃自语。用脚一踢，她就能看到自己对世界的巨大影响。正如后来的实验者在研究这种"风铃—踢脚范式"时所注意到的那样，如果丝带被拿走（相应的能动性减弱），孩子往往会变得沮丧、焦虑，并且会哭泣。皮亚杰及后来的实验心理学家发现，这种能动性在理解世界的过程中发挥着至关重要的作用。事实上，正如20世纪60年代之后的一系列实验所揭示的那样，脚上绑有丝带的8周大的婴儿就可以掌握踢脚和风铃移动之间的联系，随着时间的推移，婴儿踢脚的次数会有所增加。还在摇篮中时，我们就在学习因果关系，特别是在那些令儿童感兴趣的设备的帮助之下。

两三个月大的时候，婴儿能够敲击或拍打自己周围的物体，但还不能真正抓握它们。艾米·李约瑟在杜克大学任研究员时观察到了这一点，并和她的同事们制造出了"黏性手套"，即一种侧面缝有魔术贴的婴儿手套。[31] 李约瑟及其团队从"婴儿学步车"研究中获得了灵感，并由此产生了一个想法：如果那些原本不能抓握玩具的婴儿在少量工具的帮助下突然可以抓握玩具，那会怎样？这将对他们的行为造成哪些影响？

研究人员利用北卡罗来纳州达勒姆县人口记录办公室提供的数据，联系了最终参与研究的 32 名婴儿的父母，其中 1/2 的婴儿被安排在实验组。实验者向每个实验组婴儿的父母提供了黏性手套、记录实验过程的日志以及一套特殊的玩具，上面附有与手套相匹配的条状魔术贴。父母要向孩子们展示黏性手套的工作原理，并帮助他们玩玩具。在黏性手套的帮助下，婴儿可以伸出手轻击玩具。瞧！抓住了！对照组的实验方式与之类似，区别在于这一组的婴儿没有戴黏性手套。

随后，实验者分别用婴儿熟悉的和新的玩具进行测试，戴黏性手套的婴儿与对照组婴儿的行为表现形成了强烈反差。相比之下，实验组婴儿对物体进行视觉探索的时间是对照组的两倍，对玩具的拍打次数相比来说几乎翻了一倍；并且，他们在"口头探索"（啃咬新物体）和视觉探索（注视新物体）之间进行切换的次数大约是对照组的 3 倍。

在一项与"小猫旋木"相似而实验要求更加严格的后续研究中，李约瑟和她的同事们将婴儿分为"主动训练"（戴黏性手套）和"被动训练"（让婴儿的手接触到玩具）两组。与被动组相比，戴手套的主动组婴儿在抓握方面的表现更加活跃——他们尝到了抓东西的乐趣，即使没有戴黏性手套，他们也会继续这样做。一年后，李约瑟进行了跟进调查，目的是了解婴儿的探索倾向是如何形成的。她发现，与接受被动训练或完全未接受训练的对照组婴儿相比，接受主动训练的孩子对呈现在他们面前的玩具表现出了更大的视觉兴趣，在玩耍时更少分心，抓住旋转物体的时间更长。因此，这是另一个级联效应。早期的运动经验会发展成更强的运动技能。

当然，伸手触碰不是一个孤立的行为。卡伦·阿道夫发现，姿势会影响伸手抓握的动作以及早期认知技能的发展。保持直立的坐姿需要身体的成熟和高度有组织的平衡行为的发展，以抵抗重力的牵引。她和同事发现，一旦婴儿能够坐起来，他们就会更加专注于用手去操纵和探索物体。同样，一个发展结果会导致另一个发展结果。坐起来可以解放双手。否则，当你趴着的时候，很难握住物体并用眼睛去观察。阿道夫及其同事还发现了另一个相关现象，即与同龄但尚未掌握坐姿的婴儿相比，能够自己坐着的婴儿更擅长识别物体的三维形状。坐姿促进了抓握，进而导向了对被抓握物体的探索，以及从不同角度对物体外观所进行的观察。

成年期的发展

在所处世界中发现新的行动可能，从而以不同的方式去体验世界，这并非儿童时期所独有的情形。但到了成年期，这种技能发展表现得更加微妙灵活。这方面最具代表性的一个例子是德雷克在采访NBA（美国职业篮球联赛）超级巨星斯蒂芬·库里时了解到的。库里是金州勇士队的控球后卫，6次入选全明星阵容，3次带领球队获得NBA总冠军，两次获得联盟"最有价值球员"（MVP）称号。在教练布兰登·佩恩的指导下，库里在休赛期的大部分时间里都在接受不同类型的"神经认知训练"，其中就包括应用"敏捷反应测试训练系统"（FitLight Trainer）所进行的一些训练。这套设备是由一位丹麦手球教练为训练其所在球队守门员的反应速度而发明的。该系统包含多个可按压触碰的"反应训练灯",大约与成年人手掌同宽,可以粘贴在墙上,且能够根据需要进行任意排列;还能变换不同颜色,以提示训练者做出不同的反应。这些"反应训练灯"可以对训练者的表现进行全程追踪,并采集数据,用以了解训练者在灯光信号出现时错过或按下亮灯按钮的次数,以及他们的反应速度。在训练过程中,不同的颜色排序代表比赛中可能出现的不同情况,库里会用不同的运球动作来应对,比如"交叉运球",即将球从一只手快速地弹到另一只手上。这种训练模式的目的在于使身体超负荷运转,这不仅是为了提升库里的反应速度和协调能力,也是为了提高他在快速学习、局势判断以及做出反应等方面的能力。"在一场比赛中,会有很多变数摆在你的面前——防守、队友的位置、身体的移动速度有多快……你必须掌控一切并做出决定。所以,我们会进行超负荷训练,这样到了现实中就会感觉比赛变慢了。这种训练方式可以帮助你成为一名更有头脑的篮球运动员,"这位MVP得主说道,"我认为我的控球变得更利落了,决策能力也变得更强了,在场上也更有想法。我感觉比赛节奏明显慢了下来,所以我可以更好地完成动作,并更好地控制自己与对方球员之间的距离。"库里的切身感受得到了体育科学领域相关研究的证实:最优秀的运动员都是杰出的视觉学习者。《自然·科学报告》杂志于2013年刊登的一篇相关论文的标题是这样总结的:"职业运动员拥有快速学习复杂、多变动态视觉场景的非凡技能。"[32]

库里观察到,当他打得好的时候,时间似乎会慢下来,很多运动员都曾有过这种感觉。在描述"进入状态"是什么感觉时,有史以来最伟大的篮球运动员之一比尔·拉塞尔表示:"在那种特殊情况下,各种奇怪的事情都会发生……我们就像在用慢动作打球一样。"[33]杰出的职业网球运动员约翰·麦肯罗在描述自己巅峰时刻的表现时同样指出:"事情变慢了,球看起来大了很多,你觉得自己有更多的时间。"[34]

杰西·维特从这些评论以及她自己作为一名精英运动员(她曾是 2005 年世界运动会极限飞盘项目的金牌得主)的经历中获得了启发,她决定测试一下人们对时间的感知是否真的受到个人表现的影响。(我们在前言中曾经提到,杰西证明了垒球击球手在打得好的时候会觉得球更大。)首先,杰西评估了网球运动员对网球速度的感知情况。[35]被试者站在底线后面,并试图回击发球机以不同速度发出的球。每次回球后,被试者要按下计算机的空格键,按键时长要与自己对上一球在空中飞行的时间判断相匹配。杰西还记录了被试者是否成功地将球击入了对方半场或是将球击出界外。她发现,当回球成功时,人们会认为球的速度比不成功时要慢。她用一款类似于 Pong(一款早期街机游戏,游戏中的玩家试图用球拍阻挡一个移动的球)的电脑游戏进行实验,获得了同样的结果。杰西通过操纵球拍的大小来改变挡球的难易程度——很小的球拍很难成功将球阻挡,而较大的球拍则很容易将球拦住。她再次发现,人们对球速的感知与拦截、阻挡它的难易程度有关。当球被大球拍轻松拦下时,球速似乎比使用小球拍拦截时要慢。在一项特别巧妙的研究中,亚利桑那州立大学人类系统工程专业的罗布·格雷教授对大学棒球运动员进行了考察,发现当球的位置在本垒板之上,球员们能够轻易将球击中时,他们也认为棒球的尺寸更大,而球的速度更慢。[36]当球正好落在球拍中间时，它看起来是一个漂亮而厚实的球。

随着身体的发展和运动技能的提升，我们开始在自身所处环境中发现新的可供性。发展、实践和发现，三者相辅相成。随着身体的发展和技能的实践，可啃咬的世界里也逐渐充满了可抓握、可抛掷甚至可以远投三分的东西。人类"主体世界"的塑造取决于我们能做什么，以及能做到何种程度。作为双足直立动物，行走是人类生活方式中最核心的行动。

第 2 章

行走：我们的行走能力决定了坡道是陡还是平

1989 年，丹尼应邀参加了在加利福尼亚州山景城美国国家航空航天局（NASA）艾姆斯研究中心举办的为期三周的研讨会。作为硅谷重镇之一的山景城现在是谷歌主园区所在地，并因此而闻名。NASA 召集了一群世界上最优秀的视觉科学家来研究直升机飞行员遇到的知觉问题，包括如何感知他们的飞行速度以及距离地面的高度，等等。与鸟类不同的是，人类的视觉系统假设我们的双脚始终稳稳地站在地面上，因此在计算速度时，它采用了一个简化的假设，即我们总是在与眼睛保持相对高度的平面上稳定行进。[1] 如果你

---

[1] 当你移动时，你周围的一切似乎都在向相反的方向移动。这种现象被称为"光流"。你向前迈出一步，周围环境就会向后移动。环境中某个要素的移动速度似乎取决于你移动的速度以及你与该要素之间的距离。近处的物体后退得很快，而远处的物体似乎移动得较慢。众所周知，人们利用光流来感知自己的行进速度。为了根据光流计算出一个人的速度，视觉系统需要知道某物距离我们有多远。我们的视觉系统假设你正在行走(或奔跑)，并将从地面发出的光流与你眼睛的高度联系起来。在人类进化史上的大部分时间里，这种知觉方式都是非常有效的，因为我们的运动几乎总是通过行走来完成的。当我们驾驶直升机飞行时，这种知觉方式则不起作用。

实际上是在地面上行走，则此假设可以正常发挥作用。但是，当你所处的高度发生变化时，它就完全无效了。随着高度的增加，你下方的地面似乎移动得更慢，你会觉得自己在减速。或许你已经注意到，当我们从飞机的窗口向外看时，并不会感觉到自己正以每小时500英里[①]以上的速度在空中疾驰。直升机飞行员同样感觉不到。他们需要学习当飞行高度发生变化时该如何掌握自己的速度。飞行员该如何适应这种情形是NASA那场研讨会关注的问题之一。在这场以火箭科学为背景的研讨会上，占据主导地位的仍是一些常识性判断：与会科学家认为有关视觉处理的传统观点是毋庸置疑的，即眼睛接收视觉信息，接下来大脑对其进行处理，最后世界的结构被准确地感知。这一表述中的关键假设是知觉经验在大多数情况下是客观准确的。在那3个星期里，丹尼试图说服他的同事考虑另一种假设：知觉的目标不是让人对周围环境进行几何学意义上的精准解读，而是对人的思考方式、行动方式进行切实指导。

　　山景城距旧金山约一个小时的车程，所以丹尼和他的家人经常造访这座城市。在那里，他遇到了一桩令人费解的事。旧金山以其异乎寻常的陡峭山路而闻名。位于海德街与莱文沃斯街之间的菲尔伯特街，与其北部的渔人码头大约相隔8个街区，坡度约为18度。尽管其他街道上某些路段的坡度会略高于它，但这里通常被认为是旧金山最陡峭的街道。当看到像菲尔伯特这样的街道时，人们对其倾斜度的判断通常约在50度或60度。如果有人告诉他们实际倾斜度小于20度，他们绝不会相信。

---

① 1英里≈1.6千米。——编者注

旧金山的街道并不像看上去那么陡峭。关于这一点，1989年的视觉科学家心知肚明。丹尼向同事指出了这一事实，并以此为依据，来证明他所提出的"知觉不能保证几何上的准确性"。据他说，他的看法没有受到重视，并不是丹尼的同事不相信他，而是在他们看来，对坡道倾斜度的过高估计只是一种奇怪的视错觉。视错觉大量存在，但是对许多视觉科学家来说，它们既非有趣的现象，也不能代表日常的知觉。NASA研讨会上的科学家们专注于研究飞行员怎样才能成功地驾驶直升机，在他们看来，知觉的准确性是做好（或者根本做不好）这件事的必要前提。

在NASA的安排下，所有与会科学家和他们的家人都入住了同一家小型旅馆，这是一栋加州风格的二层建筑，一座泳池被它环抱在中间。每天晚上，这些家庭都会聚集在泳池周围，陪孩子们玩耍，喝一两杯啤酒，并在三个星期的交流与接触中建立起了彼此尊重且可以长期发展的友谊。一旦有了这样的关系，人们就会像朋友那样，直言你刚刚说的是"他们一生中听过的最愚蠢的话"。礼貌微笑，或无奈地耸肩，凡此种种，发生在朋友之间，都无伤大雅。丹尼坚持自己的看法，即人们无法以几何精度感知世界，很多人对他微笑或者耸肩，但没有一个人接受他的观点。

同事的否定并未让丹尼感到沮丧。他意识到，自己的想法或许具有重要的意义。于是，丹尼翻阅了研究文献，以查找是否有人曾经记录了坡道的实际倾斜度与人们所感知到的倾斜度之间的脱节。人类如何准确地感知环境一直是视觉科学所关注的课题，但只有一项实证研究涉及这种反常的知觉现象。在这项研究中，受访者给出的答案是肯定的，斜坡看上去的确比实际坡度要陡一些。

丹尼决定用更具确定性的方式来记录这种奇怪的知觉现象。回到夏洛茨维尔后，他和自己的研究生穆库尔·巴拉①进行了一系列的现场实验，要求人们对弗吉尼亚大学周围丘陵的山坡倾斜度进行估测。实验人员要求被试者以两种方式来判断他们感知到的山坡倾斜度。首先，被试者站在山坡底部，研究助理会要求他们对所涉及的山坡倾斜度进行估测，并大声说出自己的判断。对倾斜度进行感知的第二项评估任务是视觉匹配，被试者需要对扇形的角度进行调整，使之与自己所观察到的山坡横截面的倾斜角度相匹配。被试者还被要求执行一项针对山坡的操作。在不看装置的前提下，他们用手调整了一个齐腰高的倾斜板，并结合自身感觉使倾斜板表面与山坡平行。

这些目测和视觉匹配任务评估的是被试者对山坡外观的意识知觉。然而在一轮又一轮的实验当中，被试者总是高估了山坡的倾斜度[37]，且程度惊人。当被试者面对倾斜度为 5 度的山坡时，他们在目测报告和视觉匹配任务中所给出的判断结果通常约在 20 度。而另一方面，使倾斜板与山坡平行的测量操作结果则是准确的。因此，尽管人们对山坡倾斜度的知觉判断远远超出实际，但他们在视觉引导下对倾斜板角度所进行的估计却是准确的。这些发现令丹尼甚为困惑。当人们将一个 5 度的山坡看作 20 度时，他们是如何做到沿路上行而不摔倒在地的呢？鉴于人们对山坡倾斜度的普遍高估，成功上坡不可能依赖于精确的几何知觉。那么，我们对世界的知觉与客观世界之间，到底存在着怎样的关系？如果知觉存在偏差，行动何以

---

① 穆库尔现任美国洲际大学通识教育学院院长。

成功？丹尼知道，如果不能对这些问题做出解释，他的学术同行将继续把对山坡倾斜度的错误感知看作一种无关紧要的奇怪视错觉。

一天，夏洛茨维尔的研究正在进行中，穆库尔带着一份令人费解的报告来到丹尼的办公室。在最近一次的测试中，她发现被试者并没有像此前的参与者那样高估山坡的倾斜度。丹尼让穆库尔对报告数据进行复核，发现数据的录入准确无误。丹尼又让她去查看原始的数据采集表，看看当天接受测试的参与者有什么不同。穆库尔发现，当天的所有被试者都是女性。一番调查之后，她确认这些女性之间是朋友关系，且都是弗吉尼亚大学足球队的成员。这些训练有素的一级运动员，在一场比赛中通常要跑动 7 英里，而中场球员在标准的 90 分钟比赛里则要跑动 9.5 英里。所以，这些女性的体适能水平必然远高于常人。于是，丹尼和穆库尔开始思考：适应度——通俗点儿说，即走上山坡的难易程度——是否会对人的视觉感知造成影响？借用吉布森夫妇的术语，当我们看到一条坡道的时候，我们所看到的是否就是它的"可供性"，即这条坡道的"可步行性"？

这个念头在丹尼的脑海里挥之不去。几个月后，他又回到了旧金山湾区，参与NASA的另一项合作研究。他带来了一个测斜仪——一种用来测量坡道倾斜度的仪器，并花了一天时间去了旧金山的不同区域，测量最陡峭道路的倾斜度。在测量一条异常陡峭的街道时，他观察到在附近的人行道上，一名约 8 岁的男孩正在帮助（实际上是推着）一位年长的女士向上行走。为了帮助那位看起来是他祖母的虚弱的女士，小男孩使出了全身的力量，在陡峭的人行道上艰难上行。丹尼认为，这两个人对这条坡道的知觉经验不可能是一样的。怎么可能一样呢？对那位年长的女士而言，坡道太陡了，没人帮忙就走不上去;而对男孩来说,如果不帮助祖母,坡道的陡峭程度则无须考虑。这个小男孩的情况是不是与那些足球运动员相类似?推而广之,假如走上山坡对你来说相对轻松,那么同那些上山较为费力的人相比,山坡在你眼中是否更加平缓?

不久后,丹尼和穆库尔开始追随他们的直觉,即对坡道倾斜度的知觉会受"可步行性"强弱的影响。[38] 他们找来了一组新的实验被试,让他们背上重量是其自身体重 1/6~1/5 的背包。(比如,一个体重为 110 磅①的人需要背上 20 磅重的背包,而一个体重为 200 磅的人则要背上 35 磅重的背包。)然后,测试他们在这种情况下对倾斜度的知觉。背包里所装物品的重量,可以根据被试者(心理学概论课的学生或者在实验进行过程中经过的路人)的情况来进行调整。一组不负重的对照组被试也对山坡的倾斜度做出了估测。结果是:负重的实验组被试者对山坡陡峭程度的判断要一致高于不负重的对照组被试者。

在另一组实验中,同样的坡道判断任务被分配给了一组跑步爱好者,被试者的入选标准为每周跑步次数不少于 3 次,距离不少于 3 英里。在这个实验当中,起跑点和终点都位于山坡底部。出发之前,被试者首先对第一段坡道的倾斜度进行初步估计,然后开始一段体能消耗巨大的长跑,历时 45~75 分钟。到达终点时,他们会在那里见到等待他们的研究助理,并完成与起点处相同的一组倾斜度知觉任务。在令人疲惫不堪的长跑过后,被试者对倾斜度的高估程度有所上升——高估程度达到了 45%。为了进一步验证自己的想法,丹

---

① 1 磅 ≈ 0.45 千克。——编者注

尼专门从越野队和田径队招募了一批运动员，此外还招募了一些非运动员。如他所料，一个人的健康水平越高，他对坡道倾斜度的高估程度就越低。还有一组实验被试是从当地老年中心招募的老年人，平均年龄约为 73 岁。他们每人填写了一份有关个人健康状况的自我评价，并完成了相同的坡道估测任务。实验结果与之前的发现相一致：参与者年龄越大，身体健康状况越差，坡道在其眼中就越陡峭。总而言之，这些研究结果表明，对坡道倾斜度的感知与知觉主体在特定时间的身体能力有关。丹尼和穆库尔总结道："对倾斜度的意识知觉不仅被夸大了，且具有可塑性，因为它会受到人们生理潜能的影响：对于那些负重较大、身体疲倦、体质欠佳、上了年纪或健康状况下降的人来说，坡道看起来更加陡峭。因此，生理潜能的变化，无论是短期或暂时性的（如那些背包和长跑的实验被试），还是长期或永久性的（如那些职业运动员和老年被试者），都会对表观斜度造成影响。翻越山坡的能力发生任何变化都将改变人们对倾斜度的意识知觉。"[39] 换句话说：我们的行走能力决定了坡道的表观可步行性，从而决定了我们如何看待它。我们所看到的并非坡道的本来面目，而是它在我们眼中的样子。

"走"出来的人类世界

1974 年 11 月的一个星期日上午，唐纳德·约翰逊和他的同事伊夫·科本斯、莫里斯·泰伊布开着路虎车在埃塞俄比亚东部炎热干旱的阿法地区进行了一天的测绘、勘察和化石采集工作。这是他们在该地区展开的第二轮田野调查，就在一年前，约翰逊在这里发现了一个膝关节，但他们无法分辨出它属于哪种古人类。他们希望能够在这一轮调查中获得更加惊人、更加完整的发现。这项工作意义重大，因为他们要研究的地层比东非地区已经发现的所有东西都要古老。

为了在地图上精确标记他们所在的位置，在一名研究生的要求下，约翰逊带领团队来到了前一天的工作现场。到达之后，他们将目光投向地面，搜寻化石的踪影。就在他的右后方，约翰逊发现了一块看起来保存完好的右尺骨（从肘部延伸到手腕的前臂骨）肘端。鉴于它的背面没有猴子肘部呈喇叭形的标志性结构，这不可能是在该地区发现的狒狒或疣猴化石的一部分。这是一位古人类，是人类的直系祖先。而且不只有尺骨，约翰逊马上又发现了一些颅骨的碎片。沿着斜坡向上，全副骨骼在阳光的照射下显得十分耀眼：股骨、肋骨、盆骨，还有下颌骨。车返回营地时，那个研究生按了按喇叭，大声喊道："唐发现了一整副骨架！"[40]

显然，这件事非比寻常：该地质层中的其他东西都有300万年以上的历史，比如已经被鉴定过的猪和大象。这次发现极大地扩展了整个古人类学领域的化石记录。约翰逊在最近的一次采访中告诉我们，[41]在此之前，"把超过300万年历史的人类祖先化石全部加在一起，也就跟你的手掌差不多大小，而且我们无法通过其中任何一块判断出它属于哪个物种"。通常来说，古人类学就像是一场以单个碎片（这里是指关节，那里是肋骨）为线索而展开推理的解谜游戏，但这批年代久远的骨头已然呈现出一个连贯的整体。这位早期人类已经在地下沉睡了300多万年，而其骨架的完整性仍然约为40%。这是一个值得庆祝的发现，在当晚举行的庆祝活动中，约翰逊播放了披头士乐队音乐专辑中的一首经典的迷幻摇滚曲——《天空中戴钻石的露西天》。没有人记得是谁第一个想到的，但是到了第二天早上，这副骨架就有了一个名字：露西（Lucy）。"突然之间，"约翰逊说，"它变成了一个'人'。"

身高 3.7 英尺的"露西"将成为世界上最著名的化石。这不仅是一个具有历史性意义的科学发现，也使人们对这一领域兴趣骤升。4 年后，约翰逊正式将"露西"归入一个新的种：阿法南方古猿或"南方古猿阿法种"。这一名称与"露西"家乡所在的区域遥相呼应，在它所处的时代，那里曾是一片低洼的林地。（以"露西"为起点展开的相关研究已经持续了几十年的时间，截至本书写作之时，约翰逊和他的同事已经在阿法地区一个叫哈达尔的村庄周围发现了近 500 个阿法种标本。这个村庄就在"露西"被发现的地方附近。[42]）从骨盆的角度来看，显然"露西"是直立行走的。这就给化石记录的重新排列带来了难题：要经过 100 多万年的直立行走，早期人类才能进化出容量较大的大脑。因此，"露西"以及不久后被发现的与它同属一个时代的伙伴，也代表着某种因果关系上的重大突破：人类的祖先在拥有较大容量的大脑之前，早已开始用双脚走路。所以关键在于，我们是双足行走的动物。

生物学家和人类学家就"人类为什么是双足行走的动物"展开了长达一个半世纪的争论，不过有一点共识已经达成，那就是用两条腿移动的生活方式在我们成为现代人类的过程中发挥了举足轻重的作用。在 1871 年出版的《人类的由来》一书中，达尔文推测，正是双足直立行走使人类领先于其他猿类。达尔文观察到，"只有人类变成了双足动物，"[43]而且我们至少可以在一定程度上弄清楚人类何以"采取直立姿势"，毕竟这是该物种"最显著的特征"之一。换句话说，用两条腿走路是人类与其他哺乳动物之间最明显的区别之一。正如哈佛大学生物学家丹尼尔·利伯曼所指出的那样，进化论的核心观点之一是偶然性：一件事为随之而来的另一件事的发生提供了可能。[44] 人类变成了双足行走的动物后，双手被解放了，随即拥有了挥舞棍棒、取火做饭和进行艺术创作的能力。这与我们在上一章有关发展的讨论中看到的条件触发原理相同，例如，当婴儿能够独立坐着时，其双手就可以被解放出来去探索周围的物体，进而加深对物体三维形状的理解。

双足直立运动使得早期人类可以长途跋涉，从而进化成耐力型动物。与四足运动相比，用两只脚走路在远行时效率更高，因为在维持双足步态时，肌肉的工作量更少。凭借这一优势，人类得以进化成为地球上移动速度最快的哺乳动物之一（前提是，在炎热晴朗的天气行走或长跑20英里以上的距离）。这是人类所独有的优势。

受在高温环境中长时间活动所产生的选择压力的影响，我们的身体被汗腺覆盖，这些汗腺可以分泌出让身体冷却下来的汗液。人类全身都布满汗腺，这一点有别于大多数哺乳动物。例如，犬类只能通过爪子排汗。它们可以在寒冷的天气里跑上一整天，却无法像人类那样在烈日下狂奔。变湿的毛发具有隔热效果，在这种选择压力下，人类的体毛在进化过程中变得非常细小，几乎难以发现。而其中最明显的例外就是我们头部的毛发，它们发挥着帽子的功能；我们的隐私部位大都保留着一簇簇的毛发，从这里散发出的油性汗液，在以"味"取人的社会交往中至关重要。纤细直立的身体、修长的双腿以及宽大的臀部，都对人类行走甚至跑步能力的提升起到了促进作用。重要的是，这个新建的汗液冷却系统能为发育中的大脑降温；而凭借顶级的耐力所赋予的觅食与狩猎的本领，人类可以为这些大脑提供能量。

双足行走是极为罕见的，其他经常用两只脚走路的哺乳动物只有袋鼠和沙袋鼠。有一些哺乳动物，如其他的灵长类动物、熊乃至犬类，可以用后腿走路，然而它们并不擅长于此，且持续不了多久。双足行走的优势在于耐力性运动。人类走出了非洲，并最终主宰了地球上所有宜居的角落。作为步行者，我们"主体世界"（个人世界）的大小也以这种运动方式为尺度。我们会从运动的收益及成本的角度来看待可步行环境，这些收益和成本都相当之高。我们每天燃烧的大部分能量（约80%）都是在维持生命所必需的新陈代谢过程中消耗掉的，所以我们只能支配剩余的20%。而这20%中，有高达89%的能量会在行走的过程中被消耗掉。[45] 能量的获取与储备是生存的资本，对于人类来说，行走是最大的能量支出项目。丹尼逐渐意识到，他在研究中发现的个体在倾斜度认知方面所存在的差异，正是由于这种对身体的能量使用进行有效管理的生态需求。大脑需要对步行所需的较高的生物能量消耗进行管理，并据此衡量山坡的高低、楼梯的缓陡以及距离的远近。对于大多数人来说，走路是能量消耗最大的行为。我们有意识控制的能量几乎全部用在了迈步向前这一具有生命意义的运动上。

人类的进化是生物在生存与繁衍方面所做出的诸多尝试之一，今天我们仍处在这一过程中。和所有的生物一样，人类拥有独特的表型，即由基因与环境交互作用而产生出来的一系列身体特征。进化塑造了我们的身体，而身体影响着我们的知觉经验并且塑造我们的大脑。

表型与生活方式

丹尼和他的夫人黛比都是狂热的徒步爱好者。几年前，他们去了爱尔兰，准备从都柏林出发，搭乘火车前往爱尔兰西海岸开启为期两周的徒步旅行。候车时，一位计划前往爱尔兰北部徒步旅行的同乘旅客，从他们的衣服和装备看出了他们是"山行者"——在"翡翠绿岛"，人们这样称呼徒步旅行者，于是朝他们走了过来，和他们分享了旅行路线和徒步经历。分别前，这位山行者留给丹尼一张卡片，上面写着丹麦哲学家索伦·克尔凯郭尔的名言：

> 最重要的是不要失去行走的欲望。每一天，我都会让自己走出一种健康的状态，远离一切疾病。走路使我进入了最佳的思考状态，而且据我所知，没有什么忧思沉重到无以摆脱。但如果坐着不动，则坐得越久，越会感到不适。所以只要继续走下去，一切都会好起来的。

这位"忧郁"的丹麦存在主义先驱所言似乎不无道理。每天，克尔凯郭尔都要花上几个小时，信步于哥本哈根的大街小巷。尽管他基本上过着独居的生活，但穿梭于市井之间的漫长时光，使他与市民之间建立起了一种有界限感的亲密关系——看着相同的景象，又各有所思。哲学与运动，早已密不可分。弗里德里希·尼采每天出门两次，带着他的烟斗和笔记本，一边散步，一边借助奥林匹斯山的众神形成自己的哲学表达，并对基督教道德进行解构性阐释。伊曼努尔·康德几乎从未离开过他的家乡柯尼斯堡，但他每天散步，对家乡的景物谙熟于心。查尔斯·狄更斯会在伦敦的街头四处游走，在头脑中构造各种故事场景，弗吉尼亚·伍尔夫也有类似的习惯。事实上，作为西方思想的奠基者之一，亚里士多德已将其"边走路、边思考"的习惯渗透到我们的语言之中，为"漫步"（peripatetic）一词打上了他的精神烙印。亚里士多德喜欢一边讲课一边在学园里散步，他的追随者也因此被称为"漫步学派"。"漫步"一词源自希腊语peripatein，意思是"走来走去"。数个世纪以来，我们以行走的方式探索世界，也以同样的方式寻访内心。

最近，实验心理学研究者已着手检验行走与创造力之间的这种历史性关联。斯坦福大学的一项最新研究发现，散步之后，被试者在发散性或创造性思维测试中的得分会变高，在聚合性或分析性思维测试中的得分则会变低。实验人员通过"替代性用途测试"对被试者的发散性、创造性思维进行了评估，这是研究创造力的经典方法之一。在这项测试中，被试者要设法为随处可见的日常物品（如轮胎、纽扣、报纸或砖头）想出尽可能多的新颖用途。比如，砖头或许也可以成为不错的镇纸、门挡或者平底锅的支架。对被试者聚合性思维的评估则采用了"远距离联想测试"，测试过程中，被试者必须想出可与所有给定词语（每组3个）都合理匹配的另一个词语。例如被试者可能会得到"蛋糕（cake）、村舍（cottage）、瑞士（Swiss）"这样三个词语，正确答案则是"奶酪（cheese）"。为什么散步之后的被试者在发散性思维测试中的表现会变得更好，而在聚合性思维测试中的表现会变糟？研究人员尚未找到这种现象的发生机制，但一种可能的解释是，行走以及迫使你不断关注周围环境的其他行为方式，有可能会激发出那种积极的、自由联想式的白日梦，而这正是创造性的洞察的标志之一。[46]

走路和跑步都与健康有着深刻关联。日本学者花了几十年的时间围绕"森林浴"展开了一系列研究,并取得了显著成果。"森林浴"让人们远离电子屏幕,步入林海之中,且仅需几分钟便可达到降低血压以及减轻其他生理压力的效果,因此得到了日本政府的认可和推广。[47]此外,尽管发生作用的机制尚不明确,但已有证据显示,边跑步边冥想可以减轻重度抑郁患者的症状。[48]正如每位跑步者所熟悉的那样,跑步是一种极为有效的醒脑手段。[49]

与耐力表型不符的生活方式可能会带来健康风险。耐力型动物缺乏运动,结果会怎样?答案是,它们会生病。一些反响巨大的公共健康研究发现,汽车、洗碗机等省力机器的销量与美国人不断增长的腰围尺寸呈正相关(你或许也听到过"久坐等同于吸烟"这种说法)。以开车上下班为例,85%的美国人每个工作日都会这么做。然而,我们有充分的理由相信,这种通勤方式会带来健康风险。在最近的一项对得克萨斯州4 300名成年人展开的长期(2000—2007年)追踪研究中,研究人员对被试者住所和工作地点之间的距离进行了测量,调查结果显示,与近距离通勤者相比,远距离通勤者的总体运动量更小,心肺功能更差,身体质量指数(简称BMI)、腰围和血压等方面的数值更高。当然,在其他国家也存在这样的问题。针对5 000名智利通勤者展开的一项新研究表明,更活跃的出行方式(比如走路或者骑自行车)有助于降低肥胖症和糖尿病的患病风险。此外,一项针对英国中年人群(约73 000名男性和83 000名女性)展开的大规模研究发现,步行或骑自行车上班的活跃的通勤者,其身体质量指数明显低于只开车上班的人。站在更大的时间尺度上来看，人类的肥胖至少在一定程度上可以归因于不合时宜的生理特性：我们进化成了耐力型动物，但现在身居发达国家的人们鲜有运动的机会，除非他们在空闲时间有意为之并使其成为日常生活的一部分。四五百万年的进化使我们拥有了强壮的体格，以适应持续性的体力劳动，然而今天的人们很少以这种方式生活。[50]

我们是唯一一种进化成耐力型动物的类人猿。黑猩猩不能跑马拉松，就像它不能飞一样。事实上，猩猩、大猩猩、黑猩猩和倭黑猩猩这些人类的近亲都惯于久坐不动，在一天的大部分时间里，它们都懒洋洋地坐着、闲逛或者睡觉。但是，它们并不会像人类一样被运动不足、肥胖症和糖尿病等问题困扰。这是为什么呢？因为它们的身体为了适应久坐而进化，我们的身体则为了适应耐力运动而进化。[51] 运动不是肥胖症和糖尿病的治疗方法，运动不足却是这些疾病的诱因之一。

将我们的行走方式与我们的近亲的移动方式相比较，有助于说明我们是如何成为耐力型动物的。人类的双足行走极为高效。而黑猩猩和大猩猩喜欢的那种"把拳头放在地面上"的"指节行走"则能耗惊人，其生物能量成本比四足行走和双足行走要高出约75%。将人类与黑猩猩进行比较是非常重要的，因为根据最新的分子生物学数据，黑猩猩和倭黑猩猩是与人类亲缘关系最近的猿类，人类与它们的"分离"始于600万—1 000万年前。像猩猩和猴子一样，黑猩猩也很好地适应了以水果为食、在树枝上摆荡的生活方式。丹尼尔·利伯曼指出，"指节行走"是重新进化的结果，这种特殊的四足行走模式使双手、手腕以及肩膀的特征得以保留，从而使黑猩猩既能够在树梢上荡来荡去，也可以来到地面，在树林里漫步。由"指节行走"导致的较高的能量消耗对黑猩猩几乎没有什么影响，因为它们几乎只在距离自己的巢穴 2 000~3 000 米以内的地方游荡。化石证据表明，进化为现代人类的古人类之所以适应了双足行走的方式，是因为他们生存的环境发生了变化。尽管很难被确切地证实，但主流的假设是，气候变化以及由此引发的栖息地变化是人类祖先在四五百万年前进化为双足行走动物的主要驱动因素。如果某地区出现干旱，致使饮用水资源枯竭，那么高效的耐力型动物就可以离开此地，寻找下一个宜居的家园。

双足行走是为了应对特定环境所施加的压力，从而适应这种环境。我们的祖先一旦掌握了这种运动方式，对远足所需的能量消耗进行优化的选择压力就开始发挥作用。直立人拥有了可以在炎热环境下长时间行走和奔跑的身体结构，采集果蔬、捡拾腐肉以及耐力狩猎成为主要的食物获取方式。在耐力狩猎的过程中，一群人会对羚羊等有蹄类动物进行长达数个小时的跟踪与追逐，直至它们体力耗竭，再用带尖的棍子将其杀死，而这种狩猎工具也是直立人仅有的武器。在非洲，耐力狩猎的方式被沿用至今。[52]直立人只要不睡觉，大部分时间里都在走路和跑步，而我们则遗传了他们的身体构造。

在美国，可供耐力锻炼爱好者选择的各类跑步项目数不胜数。以 2016 年为例，在美国境内举办的跑步比赛大约有 3 万场，从 5 千米长跑到马拉松、超级马拉松以及铁人三项，赛项数量比 2012 年增加了 10%。[53] 2006 年，约有 3 900 万美国人参与了跑步、慢跑或越野跑。到了 2017 年，参与者数量增加到了 5 600 万。[54]越来越多的人为了享受跑步带来的乐趣而参与到这项运动中来。我们所拥有的为耐力运动而设计的身体，也让尼泊尔的搬运工能够连续数日背负重达自身体重约183%的货物在喜马拉雅山区自如行走,其秘密就在于正确的步伐与节奏:每天缓慢行走几个小时,经常停下来休息,以及尽可能多地负重。每走15秒,就休息45秒。如果行走的时间变长,或者休息的时间缩短,他们就会因疲劳而无法继续负重前行。[55]如果他们比较保守,每次走得更少,或者休息得更久,那么他们每天的行走距离也会变短。生物力学分析表明,这是一种理想的行走方案。在漫长的自然选择过程中,人类依据步行的能量消耗对周围环境进行即时感知,并在此基础上形成了能够实现高效率长距离运动的步态。

生理学与心理学的结合

丹尼的早期研究揭示了,知觉是如何反映我们想要做的事情与周围环境中可供达成目标的事物之间的关系的。因此,我们需要重新考虑有关视觉的常识性观点,即仅把视觉看作某种将客观图像信息传送回大脑的过程。我们还应该看到,视觉对行动具有引导作用,这就意味着我们的知觉取决于和眼前事务相关的某种身体因素或个人特征。在感知坡道倾斜度的过程中,上行所需的能量充当了知觉的尺度。当知觉对象变成货架顶层的麦片盒时,知觉的尺度可能换成手臂的纵向伸展范围。所以,我们感知程度或范围的方式,不是以"米"或"码"等长度单位为工具进行客观测量,而是与我们试图做的事情相关的身体的某个方面。

科罗拉多州立大学的杰西·维特教授和她的同事在一个真实的情境中,对这种"可供性"概念进行了测试。在当地的一家大型超市里，他们将 66 位社区居民（平均分布于"正常体重"、"超重"和"肥胖"三组）拉到一边，在距离被试者 10 米、15 米、20 米和 25 米处分别放置了一个锥形筒，并要求被试者对锥形筒与自己之间的距离进行估测。然后，被试者填写了一份调查表，报告了自己的身高、体重，以及对当前体重的自我评估（如"过低"、"偏低"、"标准"、"偏高"或"过高"）。结果是：超重越多的人，他们估测出的距离就越远。重点在于，这里所说的"超重"依据的是被试者的实际BMI指数。被试者对体重的自我评估与他们对距离的估测并无关联，无论他们认为自己超重与否。[56] 这一发现不禁让人想起丹尼的背包实验。与坡道倾斜度类似，被试者对距离的知觉取决于走过去所需的能量。而背包和多余的体重增加了能量的消耗。

这些发现透露出一个现实，即随着身体能力的改变，我们对世界的体验也会发生变化。英国伯明翰大学的公共健康心理学家弗兰克·伊夫斯对节食者的减肥情况进行了跟踪，并在此过程中进行了坡度知觉测试。[57] 与既有研究的结果一致，随着BMI指数的下降，被试者所感知到的坡度也变得更加平缓。为了进行科学研究，他还花了比大部分人都要多的时间，在购物中心里观察人们是走楼梯还是选择乘扶梯。不出所料，体重超重或拎着沉重购物袋的人往往比体重标准且两手空空的人更倾向于使用扶梯。与此同时，他还发现，相较于没有额外负重的人，楼梯在那些被体重或其他物体所拖累的人眼中更加陡峭。[58] 在这些心理学研究的基础上，要想真正巩固这些发现，我们仍需要一些直接的证据，来证明人们在能量消耗能力方面所存在的生理差异是一个有效变量。

为了找到这类直接证据，我们需要运动生理学专家、弗吉尼亚大学教授兼运动机能学讲席教授亚瑟·韦尔特曼的帮助。就在亚瑟着手研究碳水化合物摄入对运动时血乳酸反应的作用时，丹尼的研究生、现任教于犹他大学的乔纳森·扎德拉说服亚瑟在他的研究中加入了一些对距离知觉的评估。所有被试者均为自行车竞技选手，他们需要进行4次实验。在所有实验阶段，运动员都需要在身上连接测量血液中化学成分的静脉输液管的同时骑健身单车。此外，他们还要佩戴一个可以测量氧气吸入量和二氧化碳呼出量的呼吸面罩。

被试者在两个实验阶段里要完成45分钟的高强度骑车运动。[59]在其中一个实验阶段，他们喝的是含碳水化合物类甜味剂的佳得乐，在另一个实验阶段则饮用含零热量甜味剂的佳得乐。无论是被试者还是实验人员都不知道他们拿到的是哪种饮料——含热量还是人造甜味剂。每个阶段开始前和结束后，都会进行一次对距离知觉的评估。研究人员发现，如果被试者在骑车过程中摄入的是零热量饮料，那么在疲惫的运动之后，他们所感知到的距离要比摄入含热量饮料时远得多。这些结果表明，我们的感知距离会受到热量储备的影响，身体里的"燃料"越多，行走的距离就显得越短。需要注意的是，这一切都是在无意识的情况下发生的，这些运动员并不知晓自己拿到的甜味饮料中是否含有较高的热量。

另外，两个阶段的实验结果更具启发性。在这两个阶段中，运动员要骑到筋疲力尽为止。大体上来讲，他们被要求骑上原地不动的单车，依照预先确定的时间间隔反复增加阻力，直到他们体力耗尽无法继续。相关测量的关键点在于达到乳酸阈时的最大摄氧量（maximal oxygen consumption，简称$VO_2\ Max$）。最大摄氧量是指人体在运动过程中所能摄入的最大氧气含量，在运动科学领域，它被用作衡量人体适应度的标准。当运动负荷过大，可供消耗的氧气含量不足以产生身体所需的热量时，肌肉就会在不依靠氧气（无氧运动）的情况下获得热量，肌肉中会产生大量乳酸并进入血液。达到乳酸阈时的最大摄氧量，指的是人体到达以无氧代谢供能为主的临界点，并且血液中开始出现乳酸时所能摄入的最大氧气含量，它已经成为衡量体适能的黄金标准。研究发现，达到乳酸阈时的最大摄氧量决定了被试者对距离的感知结果。运动员的适应度越高，其所感知到的距离就越短。这一结果同样适用于在每个实验阶段开始前的距离知觉评估，这意味着在运动员们进入实验室的那一刻，他们的体适能水平已经决定了他们对距离的知觉。该研究表明，感知距离的尺度是由此端到达彼端所需的能量，而这一尺度与个体适应度密切相关。

为什么和通常接受测试的那些非运动员相比，弗吉尼亚大学足球队的姑娘会认为山坡更加平缓呢？20年后，丹尼终于有了答案。一个人的适应度越强，运动的能量成本就越低，在一定范围内行走所消耗的能量就越少。

让我们思考一下"适应度"这一概念。正如丹尼及其合作研究者所指出的那样，适应度越强，肌肉中储存的能量就越多，运动效率就越高，新陈代谢也就越快、越高效；肌肉中线粒体的体积变大、数量变多，从而提高了耐力。丹尼等人观察到："正是所谓的'适应度'对生物能量产生的这些影响，使运动员们能够跑得更远、更快、更长久，且在一般体育活动中的表现要好于健康状况欠佳的人。"此外，"他们存储了更多的可用能量；做同样的事情时，他们消耗的能量更少。而且，他们可以从自己所吃的食物中获得更多的能量，并产生更多的生化反应"[60]。这正是整个研究的惊人之处。这一观察结果表明，我们每个人都生活在自己的"主体世界"里，这是一个以我们独特的能力来衡量的知觉世界。而且，"主体世界"是不断发展变化的。坚持锻炼可以改变你看待事物的方式。这听起来似乎是老生常谈，然而事实却是，你看待世界的方式真的会因此而改变。

体适能会影响个体适应世界的方式。常识告诉我们，我们眼中的世界即是其真实面目，但实际上，我们所看到的是我们以自己独特的方式所适应的世界。借用古希腊哲学家普罗泰戈拉的说法，"人是万物的尺度"。旧金山起伏的街道也给了我们相同的启示。

第 3 章

抓握：为什么"触手可及"可以增强专注力？

"手拿锤子的人，看什么都像是钉子。"

2008 年，杰西·维特的心中一直萦绕着这句格言。在弗吉尼亚大学丹尼的实验室里，她时常会想起这句话。在前往印第安纳州的普渡大学赴任自己的第一份教职之后，这句话仍在她的脑海里挥之不去。她当时的想法是："如果手拿锤子真的让一切看起来都像钉子，那么手里拿着枪会怎么样？"她和一名本科生一起探讨了这个问题，令她高兴的是，为了找到问题的答案，这名有魄力的本科生主动设计了一套实验材料。这个学生制作了一组照片，照片中有一位身穿黑色夹克、头戴滑雪面罩的男子，手持物品直指镜头。这件物品要么是一把枪，要么是一只匡威全明星运动鞋。

在这些照片的基础上，杰西与圣母大学的社会心理学家詹姆斯·布罗克莫尔联手设计了一系列相关实验。在实验过程中，被试者会看到这组照片，并且被要求尽快说出在每张照片中男子手里拿着的是枪还是运动鞋。每个实验中包含两组被试者。在前4个实验中，一组被试者手持玩具枪，另一组则手持泡沫球。在最后一个实验中，其中一组被试者手中的物品由玩具枪换成了一只鞋。那么，实验结果如何呢？他们发现，如果你手里拿着枪，那么你更有可能将照片中的人的手持之物看作枪；而如果你手里拿着鞋，那么你更有可能认为照片中的人也同样拿着鞋。[61]

这项研究表明，我们用身体——尤其是双手——所做的事情影响了我们对世界的体验。个人的知觉世界具有可塑性，其变化取决于我们想要做的事情以及达成这些目标的能力，而这些能力可以通过我们所使用的工具来增强。武器的使用是一个后果堪忧的例子。杰西和布罗克莫尔写道："的确，我们所观察到的由行动诱发的偏见不仅限于枪支的使用。尽管如此，但手持鞋子所引起的偏见是无害的，枪支的使用则增加了将非威胁性目标视作威胁的可能性。"他们进而得出结论："显然，这种偏见会让意外枪击事件的受害者不寒而栗。据美国公民自由联盟（简称ACLU）统计，大约25%的执法枪击事件涉及手无寸铁的嫌疑人。虽然无法得出准确的数字，但可以肯定的是，类似的意外枪击事件在普通公民中也时有发生。因此，查明可能导致意外枪击事件的因素，并采取措施降低这些因素的影响，是符合公众利益的。尽管此前研究已经确定了个人信仰、个人预期等若干影响因素，但目前的研究结果表明，仅仅是使用枪支这一行为本身就会增加将非威胁性目标视作威胁的可能性。"[62] 假如我们能化身为伸手、抓握，甚至跳舞的机器，那么我们更容易认为别人也在做相同的事情。然而可怕的是，如果我们拿着枪，并因此化身为开枪的机器，那么根据这项研究，我们更有可能将他人手中的无害之物看作枪。[63]一些枪支权利倡导者提出，让好人持枪有助于解决潜在的暴力问题。但真实的情况似乎是，仅仅是拿着枪就会让我们感觉到周围环境中存在更多的持枪者。我们是如何看待这个世界的？事实证明，在很多情况下，我们对世界的认识取决于我们的双手。

行动也有自己的思想

1988年5月，苏格兰圣安德鲁斯大学年轻的视觉研究者梅尔·古德尔和戴维·米尔勒接到了附近阿伯丁大学一位同行的电话。对方称，一名住在意大利的年轻女士不幸遭遇了一场事故。在通风不良的浴室中使用燃气热水器的她，因一氧化碳中毒而昏倒在地。大脑的暂时性缺氧使她在事后出现了视力异常。这位同行问他们是否愿意在这名女子返回苏格兰后为她做些检查，他们同意了。但视力测试开始后，他们发现情况并不乐观。她的视觉世界变得模糊不清、难以描述，只剩下大量的彩色斑点。然而，这项个案研究最令人惊讶的地方在于，尽管她无法说出某人的手中拿着一支笔——无论笔还是握笔的手，在她看来都是一团不规则的斑点——但如果将笔递给她，她能毫不费力地伸出手去抓住它。

这位化名为迪·弗莱彻的患者能够听出自己母亲的声音，却无法辨认出母亲的脸。如果把一支笔放在她面前，她能看出眼前仿佛有什么东西，却无法判断这支笔是垂直放置的还是水平放置的。但出人意料的是，即使有着如此严重的视力障碍，她依然可以行走，且能够对地形和方向做出判断，并躲开障碍物。她可以凭借记忆画出简单的物体（比如一艘船、一本书或者一个苹果），却无法临摹出眼前的场景。她看不出一个物体是球体还是立方体，但如果把这个物体递给她，她会把手张开，去适应物体的大小、形状和方位。当她看东西时，只能看到一团团的彩色斑点，一切仿佛都变成了小块的黏土，手机和一只童鞋看起来没什么两样。她无法描述它们的形状，也判断不出它们属于哪类人或哪类事物，但她能轻而易举地将它们拿起或者触摸它们。"这对我们是一个启示。"古德尔对我们说。他在苏格兰以及他后来就职的加拿大韦仕敦大学的实验室里对弗莱彻的案例进行了长期研究，慢慢发现了其中的奥秘：一个人在看不清物体大小和形状的情况下，却能熟练地将其拿起，这是怎么做到的呢？答案是，有证据表明，人类的视觉系统并非单一的体系，它至少包含两个子系统。[64]

古德尔认为，视觉有两种功能，即"认知"和"行动"，由大脑的不同区域负责。在对弗莱彻及其他患者所进行的研究中，古德尔和米尔勒发现，视觉信息在离开我们的眼睛之后流入了两条神经处理通路：一个是"内容"系统，它负责提供关于眼前事物的自觉意识，使我们能够识别出视觉世界（即我们面前的场景）的形状和意义。另一个是"空间"系统，它负责为行动提供视觉指引。当你感到口渴时，你可能会四下寻找可以喝的东西。如果触手可及之处刚好有一杯水，那么"内容"系统使你能够看到它，而"空间"系统则可以引导你伸出手、抓住杯子并将它送到嘴边。迪·弗莱彻的"内容"系统受到了严重的损害，使她既看不到物体的形状，也认不出它们是什么，视觉世界遍布斑斑点点。然而，她的"空间"系统完好无损，使她在走路的过程中不会撞到其他东西。如果感到口渴，她无法识别附近的一杯水，但如果有人能告诉她水杯的方位，她就可以顺利地拿起水杯，把水喝下去。"她是帮助我们破解奥秘的罗塞塔石碑。"古德尔说。[65]

从理论上讲，按照古德尔的说法，"内容"系统是"异我中心"（allocentric）[①]——它运作于人体以外的世界，对人眼所见的场景进行观察。这个"认知视觉"系统主要由位于大脑底部、耳朵附近的颞叶皮质负责。我们的意识知觉经验，即我们的"主体世界"，正是经由这条视觉通路最终形成的。它让我们了解到自己看到了什么，感知并识别出存在于周围环境中的各种形状，再由形状上升到意义——这是一把椅子，那里有一只猫，"亲爱的"就站在那里。因此，根据我们在前面章节中的讨论，这个"认知-内容"系统是"能动的"，它帮助我们做出行动选择：看到一个挂在树上的苹果，于是决定摘下它。行动系统则是"以自我为中心"的。所谓"以自我为中心"，无关"自私"，而是说"自我"不再是被动的观察者，而是一个行动者。"空间"系统由前叶皮质负责。前叶位于大脑的背外侧，靠近脱发最先出现的位置。这个"行动视觉"系统是无意识的，正因如此，一些研究者称之为"僵尸"，它在不知道（或不需要知道）自己在做什么的情况下对行动进行引导，迪·弗莱彻的例子就充分说明了这一点。这两个视觉系统协同运作，它们的合作隐藏在显而易见的地方：我们采取行动，而身体负责执行。"内容"系统构建了我们的知觉世界，并决定了我们将如何行动；而我们的行动则由"空

[①] "allocentric"由希腊语词根"allo"（意为"其他"）与"-centric"组合而成。在社会心理学语境中，"异我中心"（allocentric）意味着关心他人。正如我们将在本书最后1/3内容中所讨论的那样，"异亲抚育"（alloparenting）意味着照顾他人的孩子。

间"系统实际控制。

"我认为这两条截然不同却协同运作的视觉通路,是自然选择的结果,"古德尔解释道,"我们的看法是,我们需要视觉来表征世界,据此制订计划,在目标之间进行选择,并谈论这些计划和目标。为此,我们需要对世界进行真实、有效的呈现,而视觉在这一过程中做出了巨大的贡献。但是,构建世界所涉及的计算问题与我们的大脑在指导行动时所做的计算是截然不同的。"仅仅是意识到在你旁边的桌子上放着一杯水,并不能让你喝到它。要想喝到这杯水,就必须把对水杯位置的空间知觉转化为一连串的肌肉动作——伸手触摸杯子,抓住它,拿起来,把水喝下去。这是行动系统的工作。对行动机会的感知是有意识的,这些机会构成了我们的"主体世界"。视觉引导系统则听命于行动的需求,将期望的行动付诸实践。

行动系统的运转无须意识的参与,这一点令人颇感意外。古德尔将其与"火星探测车"进行类比。这种太空探测器之所以是半自动的,是因为从地球到火星的信号传输时间过长,无法对其进行像无人机或玩具汽车那样的实时遥控。地球上的操作人员通过探测器上的摄像头观察火星表面,寻找有趣的东西,然后让机器人过去采集岩石样本。尽职尽责的探测车,就好像等待"内容"系统发出指令的"空间"系统,它的机载导航系统能够完成必要的动作,但它需要被告知去哪里和做什么。人类也是如此,我们伸出手去抓握物体之前,会根据物体的大小来调整抓握孔径。古德尔指出:"认知系统要借助这些视觉表征来完成它的工作,而行动系统则要依靠视觉坐标才能让你的手碰到玻璃杯。"换句话说,人类看东西的方式不是纯粹的光学问题,视觉的产生并非眼睛与大脑孤立运作的结果。正如丹尼及其同事的研究所表明的那样,我们的知觉会随着我们与世界互动,以及完成任务能力的提高而增强。"认知系统"与"行动系统"相辅相成。人类正是在"行动"的过程中逐渐了解这个世界。我们不仅通过"步行可供性"来看待世界,也根据操纵机会来看待世界。通过对世界的探索,人类形成了认知。

手部行为是由"行动视觉–空间"系统所引导的,正如我们所看到的,手的动作要与现实世界相适应,且不能被"认知视觉"系统带来的偏差所迷惑。在后来的实验中,古德尔研究了"空间"系统为何没有被各种视觉偏差所愚弄。其中就包括以其发现者德国心理学家赫尔曼·艾宾浩斯命名的"艾宾浩斯错觉"(如下图所示)。[66]

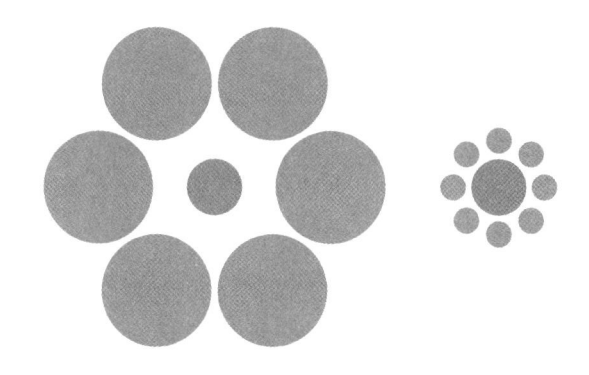

乍看之下,右侧中心的圆明显大于左侧中心的圆。但实际上,这两个圆的大小是一样的。这一现象能骗过眼睛,却骗不了手。在一个被广泛引用的实验当中,古德尔及其合作者在一个用以展示这一错觉的桌面上,用不同大小的扑克牌筹码代替中心的圆。被试者看到了这种错觉,这反映在他们对筹码尺寸的估测结果中。但是,当被要求拿起位于中心的筹码时,他们会根据筹码的实际大小来调整抓握孔径，而不是根据他们的"内容"系统在错觉引导下所看到的筹码被放大或缩小后的尺寸。这与丹尼的研究有着惊人的相似之处。让我们来回顾一下丹尼对坡道倾斜度进行的研究：他要求被试者对坡道倾斜度进行目测，找出看上去与坡道倾斜程度相匹配的一个角度，此外还要调整一块木板使其表面与坡道平行。事实证明，手动调整的结果远比目测或视觉匹配的结果准确。换句话说，行动系统比认知系统更为准确。

为什么会这样？为什么反映常识性视觉概念的认知系统，会如此轻易地被愚弄、被影响？这又回到了丹尼向他在NASA艾姆斯研究中心的同事提出的观点：受进化压力的影响，意识知觉的职责并非使我们看到更加客观、精确的世界，而是助力于该如何行动的实际决定。在艾宾浩斯错觉中，左侧中心的圆小于环绕在它周围的圆，右侧中心的圆则大于环绕在它周围的圆。在我们有意识的"内容"视觉系统中，中心的圆与周围环境形成对比，使我们更容易看到它们的相对大小。从历史上看，人类的生存有赖于对能量守恒的明智判断。所以，当我们对坡道倾斜度进行感知时，我们会依据运动所需的生物能量消耗来测量我们所看到的坡道倾斜度。但不论测量结果如何，"空间"系统所要应对的都是客观存在的事物，因此具有更高的准确性。

古德尔在研究中所取得的这些突破，为我们理解英语词汇中的一组隐喻映射提供了实证依据：当我们"明白"了朋友在争论中所提出的观点时，我们理解了这些说法的表层结构；而当我们真正理解了对方所指，我们就"掌握"了他（或她）试图传达的思想。知识不仅可以为我们所拥有，还可以为我们所操纵。像脚和嘴一样，手是人与世界之间的主要物理接口。因此，要想"掌握"人类的状况，我们需要研究"抓握"的意义，去了解它的进化起源，它塑造视觉的方式，以及它如何影响了我们的思维方式。

手是我们通向经验、文化与身份的指路明灯和中央接口。早在39 000年前，世界上最早的一批视觉艺术家已经在墙面上留下了他们的手印。使用双手是我们操纵身体的主要方式，也是我们的主要表达方式之一。在我们从情感上感知世界的过程中，双手也发挥着关键作用。在达尔文之前，哲学家早就"手的意义"问题展开了争辩。亚里士多德驳斥了前苏格拉底哲学家阿那克萨哥拉所谓的"人类之所以在所有动物中最为聪明，是因为人类拥有双手"。相反，他则坚持认为："更为合理的假设是，双手的能力是人类卓越智慧的结果，而非原因。"67 但已有证据对亚里士多德以及他所阐述的早期神经中心主义不利：由我们对直立人的了解可知，人类首先进化出了灵巧的双手，然后才进化出了容量足够大且复杂的大脑来利用它们。不过，亚里士多德仍然非常欣赏我们的双手，在他的《论灵魂》一书中，他将手描述为"优先于一切工具的工具"，因为手可以拿起工具，从而使工具成为工具。68

在达尔文看来，成为双足动物所具有的转折性意义是多方面的。它不光使人类拥有了世界级的耐力，尤其是在长距离运动和炎热的气候中，也解放了人类祖先的双手，使他们不必再摆荡于树枝之间，或用指节行走，从而可以用这双手去做其他事情。因此，我们的双手变得异常灵巧，在形态上将人类与我们进化中的同类进一步区分开来。人类是唯一一种可以用拇指指尖触碰其余所有手指指尖的灵长类动物。这改变了工具的使用方式，也改变了"精细运动控制"

的一系列行为。（想象一下，当你试图穿针引线，却像其他类人猿一样无法将拇指与食指的指尖捏在一起的情形。）事实上，进化理论学家推测，以灵巧的双手使用工具，实际上为抽象推理的产生奠定了基础：如果我们能解开一个有形的"结"，就可能解决一个"错综复杂"的概念性问题。每当你系鞋带时，你的手就会执行所谓的"递归嵌入"：首先是这样，然后是那样，最后是这样。根据语言学家诺姆·乔姆斯基的说法，"递归性"是人类语言最关键的特征。例如：

约翰认为——（在此处插入任何陈述）——是一个可笑的想法。

尚无证据显示，在其他动物的交流系统中也存在这种递归嵌入的现象。这或许要归功于我们复杂而灵活的手部神经控制，这双手具有操纵、携带、制造、使用工具以及触摸他人的非凡能力。

在弗吉尼亚大学丹尼的办公桌上，放着大量的"可操纵之物"，他喜欢一边思考一边把玩东西，比如贝壳、吉他拨片或者指挥棒。2002年，在他与当时还是研究生的杰西·维特的一次会面中，杰西提出，假如拥有一款可延长手臂动作范围的工具，应该会缩短那些必须用工具才能碰的物体在人们心中的感知距离。于是，他们拿起指挥棒，沿着桌子边缘推动一枚回形针，直到想出了一套完整的设计方案。事实证明，杰西的直觉是准确的：当我们运用工具时，那些徒手够不到而借助工具可以触及的物体，看起来比不用工具时离我们更近。当手中"抓握"实际工具时，思考工具的使用问题会变得更加简单，更容易有所领悟。然而，正如迪·弗莱彻的案例所表明的那样,"抓握"可能不需要"看见",至少不需要传统意义上的"看见"。

梅尔·古德尔的老师是后来被称为"双视觉系统"(two visual system)研究先驱的剑桥心理学家劳伦斯·韦斯克兰茨。这位富有诗人气质的学者很擅长创造术语,"盲视力"[69]现象正是他率先发现的。所谓"盲视力",顾名思义,指的是盲人所具有的一种视觉能力。这听上去似乎荒诞不经,实际并非如此,我们只需要回顾一下古德尔及其同事所做的研究,就不难理解这一点。临床研究者多次发现,一些没有意识视觉经验的人,仍然可以在满是杂物的走廊里行走而不致被绊倒。这种在视觉线索引导下的行走,使他们能够巧妙地绕开一切障碍物,即使他们自己并没有意识到这一点。他们双目失明,且没有意识视觉经验,但从实用的角度来看,他们能确定位置和方向,仿佛看得见一样。

韦斯克兰茨及其同事在20世纪70年代发表了关于这一现象的首批研究成果。[70]他最著名的个案研究与一位姓名首字母缩写为D.B.的病人有关。D.B.自14岁起饱受头痛之扰,剧烈的头痛往往伴随着先兆性的视觉闪光。到他快30岁的时候,头痛的情况变得越发频繁和明显,闪光的症状也变得更加强烈和持久。医生在他大脑右半球的初级视皮质上发现了一个肿瘤。经手术切除后,D.B.的头痛得到了缓解,但他失去了左半部分视野。要想了解这种感觉,请将右手食指伸出一臂远,然后看着这根手指。现在想象一下,指尖以左在你眼中一片漆黑,而指尖以右则一切如常。看不见的区域被称为"暗点"。这就是D.B.所遇到的情况,他觉得自己完全看不到位于左侧视野中的任何事物。

韦斯克兰茨给D.B.布置了一系列任务，旨在评估他在失明的半侧视野中是否具有视觉功能。D.B.会被告知在他的盲区内有东西，但不会告诉他具体是什么。测试结果令人难以置信。"尽管患者并没有意识到他在盲区中'看见'了什么，但有证据表明：他可以精准地接收到视觉刺激；可以区分垂直线、水平线和对角线；还可以区分字母'X'和字母'O'。"[71] 尽管D.B.准确无误地完成了这些惊人之举，但他对自己盲区中所呈现的东西并没有视觉意识。韦斯克兰茨在谈到D.B.时写道："然而，他总是不知该如何去描述任何意识知觉，并且一再强调，如果问他是否'看见'了物体，他什么也没看见，他只是在猜测。"[72]

韦斯克兰茨的发现被大量研究结果所证实。起初，人们对导致"盲视力"现象的潜在神经机制存在一些争议。韦斯克兰茨的观点是，"盲视力"的产生绕开了视觉皮质，它是通过皮质下的视觉通路实现的。许多研究结果都支持了他的看法，其中包括对一个名为T.N.的没有任何视觉皮质的人所展开的调查。

T.N.是韦斯克兰茨及其同事所研究的另一名患者。[73] T.N.遭受了两次严重的中风，使他左右两侧的视觉皮质严重受损。他完全失明了，神经成像研究表明，他的初级视觉皮质已没有任何功能。在陌生的环境中，T.N.需要挂着拐杖行走，且需要视力正常者带路。然而，一旦确定了一条路径，他就能在相应的空间范围内自如地行动。实验人员曾要求T.N.脱离手杖，在随意堆满纸盒等各种杂物的走廊行走。T.N.顺利地完成了这一任务，从头到尾没有被绊倒或撞上任何障碍物，也没有借助任何意识视觉经验。他巧妙地避开了所有障碍物，尽管他对它们的存在全然无知。

并非所有失明人士都具有"盲视力"。如果失明是由眼部损伤引起的,那么全部视觉功能都将消失。"盲视力"现象是视觉皮质受损的结果,视觉信息要想进入意识,就必须通过视觉皮质。不过,还存在绕过视觉皮质的其他视觉通路,这些通路为没有视觉意识的视觉功能提供支持。常识告诉我们,体验在先,行动在后。但很多时候,我们可以在意识视觉经验缺失的情况下成功执行由视觉引导的行动,这就是"盲视力"带给我们的启示。我们凭知觉做出选择,而非靠它来控制行动本身。做出决策,与顺从地执行,二者分属于我们所拥有的两套系统。

眼随手动

试一试下面这个操作:伸出手臂,将目光锁定在手指。现在,将手指左右移动,在头部固定的前提下用眼睛追踪它。就这么简单。这一技能叫作平滑追踪性眼球运动,在所有哺乳动物中,只有灵长类动物拥有这种眼动能力。[74] 如果你身旁刚好有一只狗,你可以试试这样做:把零食放在狗面前,然后将零食左右移动。狗会一直盯着食物,但它会通过移动头部而非眼球来实现这一点。对于一只狗而言,平滑追踪性眼球运动是无法实现的。这并不是说狗或者其他哺乳动物的眼睛是不能动的,它们的眼睛能且只能进行急促而不连贯的运动,这种眼部运动被称为"扫视",人类也会这样做。我们通过"扫视"观察四周,确认环境中都有什么;平滑追踪性眼球运动则用于跟踪感兴趣的内容,尤其是我们手中的事物。当我们穿针引线时,需要让眼球跟随指尖、钢针以及线头进行平滑追踪运动。

从进化的角度来说，灵巧的双手为人类创造了"操纵"的机会；而只有当我们拥有了更具灵活性的双眼，"操纵"才能完全实现。因此，只有那些有手的动物（比如灵长类）才能进行平滑追踪性眼球运动。这是关于能力如何级联（一件事引发另一件事）的一个很好的例子。拥有双手所造成的选择压力，使眼睛得以追踪它们的动作，但级联效应并非到此为止。

一组研究者最近观察到，双手定义了"需要重点关注的空间区域"。[75] 与这种看法相符的是，触手可及的目标更容易吸引我们的注意。[76] 观察手边之物，也会让人更加注重细节，更好地忽略干扰。[77, 78]

丹尼的一名研究生，现就职于英国兰卡斯特大学的萨利·林克纳格尔想要知道手的"缩放"能力有多强大。她让研究被试戴着眼镜式放大镜去观察可抓握的物体，比如棒球或者乒乓球。透过放大镜，这些熟悉的物体看起来大了很多。然后，被试者将他们的惯用手放在物体附近。这时，不仅手的大小看起来很正常，而且当手在旁边时，球也立即缩回了实际尺寸。这一结果令人震惊，因为这些球似乎就在人的眼皮底下改变了大小。[79] 林克纳格尔还发现，惯用右手的人认为他们的右手大于左手，右臂长于左臂；而惯用左手的人则认为自己两侧的手或手臂大小相同，这或许跟他们生活在以惯用右手的世界里有关。同样地，当一个惯用右手的人想用右手去拿取一个物体时，该物体与他之间的距离会比他用左手去拿取时显得更近。这又是一种"可供性"：当我们伸手取物时，我们会根据自己伸手取物的能力去体验和感知世界，大多数人都会因为惯用右手而带有严重的倾向性。[80]

从视觉、感觉和思维的角度看"偏侧优势"

左手与右手并不是平等的。从经验上讲,我们中的绝大多数人都更加钟情于自己的某一只手。我们的脊柱可能标志着身体的中线,但大约90%的人主要通过右手与世界互动。研究人员推测,这种情况已经持续了5 000年,但没有人知道真正的原因。[81]奥克兰大学学者迈克尔·科尔巴里斯将人类在惯用手方面的这种严重偏好描述为"结构对称和功能不对称之间的显著矛盾"。[82]

手不仅指导我们如何去抓握物体,也影响着我们的思想与感受。康奈尔大学心理学家丹尼尔·卡萨桑托无疑是这个领域最具创造力的研究者之一。在哈佛大学学者史蒂芬·平克的指导下,他以诺姆·乔姆斯基所倡导的一种流行的语言学观点为基础,开始自己的经验主义冒险。该语言学假设:从本质上来说,人类的认知具有一致性。不同的语言就像是共同的认知所穿着的不同装束。但是有充足的数据可以证明,事实并非如此。这意味着他必须更换导师并开始新的研究计划。因此,卡萨桑托转向了对"语言相对论"等其他问题的研究。"语言相对论"的主要观点是,语言深刻地塑造了其使用者的思维方式与感知方式,也在很大程度上影响着该语言所在的文化,比如在寒冷地区的文化中有很多关于"雪"的词语。[83]最近的实验研究为该理论提供了一些更为具体而有趣的证据。有研究发现,以俄语为母语的人识别不同深浅蓝色的速度比以英语为母语的人快10%(俄语中没有用来表示"蓝色"的词语,而是用词语的组合来表示淡蓝色和深蓝色)。[84]多年来,卡萨桑托在学术会议等场合就语言相对论发表演讲,一个被反复提出的问题是:语言有何特别之处?为什么语言会对我们的概念生活产生如此特殊的影响？卡萨桑托开始相信，语言与日常生活中的其他认知能力关系密切，并以某种方式将它们组织起来，从而促使我们以不同的方式集中注意力或记忆事物。但他逐渐意识到，对我们的思维与感受造成影响的，不仅仅是我们所使用的词语，还有我们所拥有的身体以及我们使用身体的方式。

乔治·莱考夫和马克·约翰逊的观点引起了他的兴趣，也让他产生了怀疑。这对分别来自加州大学伯克利分校和俄勒冈大学的"语言学家—哲学家"二人组提出了一个尖锐的论点，即语言若想具有任何意义，就必须以直接的身体体验为基础。在颇具影响力的《我们赖以生存的隐喻》及其他著作中，他们通过观察和思维实验对这一论点进行了证明，对身体行动以及知觉在我们日常表达中的诸多奇特表现方式进行了追踪。比如，"时间"本无远指范围，却有"长""短"之别；"数字"本无尺寸，却有"大""小"之分；从某处开始，到底是"上坡"还是"下坡"，这取决于你问的是谁。卡萨桑托想通过实验对莱考夫和约翰逊的论点进行验证，评估人们是否用这些具身隐喻进行思考。为此，他需要把语言的因素排除在外。

首先，他进行的是弹珠实验。他和鹿特丹伊拉斯姆斯大学的同事卡廷卡·迪杰斯特拉将两盒弹珠放在被试者面前，一盒放在较高的平台上，另一盒放在较低的平台上。在一部分测试中，他们要求被试者将弹珠从较低的盒子移至较高的盒子里，而在另一些测试中则执行与之相反的操作。在进行这种垂直动作的同时，实验者要求被试者讲述关于他们自己的小故事，比如一个难忘的生日，或者去年夏天他们都做了什么。那些将弹珠漫不经心地向上移动的被试者，往往分享了积极的事件，而将弹珠下移的人则倾向于讲述那些运气不佳或遗憾错过的经历。在他们没有意识到的情况下，手部运动的方向——无论向上还是向下——影响了他们所讲故事的感情基调。

对卡萨桑托而言，这是一条线索。他认为，"激活这些心理隐喻"，"具有因果力"。[85] 在2019年的一项后续研究中，他通过实践进一步检验了这一发现。他和他所在研究团队的其他成员让荷兰学生通过识字卡片学习荷兰语假词（被试者确信这些假词来自某一门外语）。[86] 在每一轮学习结束后，学生都被要求用这些卡片执行一项操作，包括以下三种情形：第一种，将听上去令人愉快的词放在较高的架子上，听上去消极的词放在较低的架子上；第二种，与前一种相反，把消极的词放在较低的架子上；第三种，仅需将卡片放在代表中性词的桌面上。最终，积极的词与向上动作的组合所产生的结果是：在这种将积极的词放在高处、消极的词放在低处的"隐喻一致性"的促进下，被试者在随后的测试中识别这些单词的准确率提高了4%。按照美国的评分标准，这足以使成绩从A−提高到A。

不过，尽管在"弹珠"实验中所获得的发现令人信服，却也指向了一个更深层次的谜题：首要问题在于，向上的身体运动起初为什么会与更快乐的情绪联结在一起？"没有人知道映射从何而来。"卡萨桑托解释道。从什么时候开始，隐喻融入了我们的身体，或者反过来，我们置身于隐喻之中？对此，两大阵营展开了令人印象深刻的争论。"莱考夫的追随者"将隐喻映射的发生归因于身体状态与情绪状态之间的相关性：感觉好的时候就站起身来，感觉不好就跌坐下去，这种姿势原则在经验中普遍存在，一直延伸到文化和隐喻之中。卡萨桑托在其职业生涯早期曾接触过的一位决定论阵营的心理语言学家则提供了另一种解释，即我们无须借助身体经验，而是可以通过语言来获得这种映射。假如你出生在一种文化环境中,你不由自主地使用类似"情绪高涨"或"情绪低落"这样的表达,那么在你以"空间"概念表述空间问题的同时,也必然会使用它们来谈论效价[①],或者说事物的情感品质。两大阵营的说法都颇具说服力,难分高下。卡萨桑托思考了很多年,却始终找不到一种方法来理清隐喻与空间、情感以及语言之间盘根错节的关系。"所以,"他在一次采访中告诉我们,"我感到很绝望。"[87]

最终,卡萨桑托取得了突破。他突然想到,在英语和英语文化中,除了"上"(up)以外,"右"(right)与"好"之间也存在着隐喻联结:想要"得力助手"(right-hand man,右边的人),不想被"假意赞美"(left-handed compliments,左利手的赞美);要"全力以赴"(put the right foot forward,右脚向前伸),不要"笨手笨脚"(have two left feet,有两只左脚)。这种模式不仅存在于英语中,而且存在于许多语言中,甚至包括像拉丁语这种已经消亡的语言。他在后来的一篇论文中指出:"表示'右'和'左'的拉丁语单词 dexter 和 sinister 作为英语单词的词根,意思分别为'灵巧'和'邪恶'。"此外,在法语和德语中,表示"右"的单词(droite 和 recht)与法律特权相关,而表示"左"的单词(gauche 和 links)则与"反感"或"笨拙"等词语相关。[88]实际上,"gauche"已经被借用到英语当中,表示"不善社交或缺乏风度"。英语单词"awkward"(意为"尴尬的")源自中古英语"awke",而这个词本身的含义是"转错方向"或左利手。文化习俗强化了这类语言表达癖好,比如举起右手发誓所言为

---

① 效价指行为目标对于满足个体需要的价值,即个体对行为结果的重视程度。——编者注

真,或者在进入清真寺时先迈右脚。在很多文化中,用左手指示或者吃东西都是不被允许的,因为在受该文化影响的地区,左手往往用来做一些"不洁之事"。为什么在语言与文化当中会存在这类隐喻联结呢?其背后的驱动因素或许正是因为大多数人(约90%)惯用右手的这种不平衡性。

与此相关的是,1/4个世纪以来,心理学家一直在探寻"流畅性"(某件事的难易度、可及性或轻松程度)与"评价"(喜欢或不喜欢某一事物的程度)之间的紧密联系。"流畅性"使得传统理论中的认知与知觉得以相互渗透,它是一种有关思维和知觉的感受。[89]大体而言,人们喜欢那些能够更流畅、轻松、容易地感知或与之互动的事物。很显然,流畅的陈述会让人感觉更为真实、讨喜,具有典型性且充满智慧。

这些研究与发现令卡萨桑托豁然开朗:"右"与"好"、"左"与"坏"之间所存在的隐喻联结,正是由于"流畅性"的影响。"拥有功能不对称的身体,我们别无选择。在生活中,我们只能用优势边与事物流畅互动,用非优势边则令我们感到很不舒服。"卡萨桑托解释道,"正如我们所做的那样,我们可能会将优势边与积极的意义联系起来,而将非优势边与消极的意义联系起来。"使用惯用手令人感到流畅和满意,使用另一只手则让人觉得尴尬和陌生。

于是,卡萨桑托和他的同事们对"弹珠"问题进行了跟进研究,通过更多的实验探寻惯用手和积极意义之间的联系。[90]其中不乏一些独出心裁的实验设计。比如给被试者一张纸,上面分别在左右画着两个外星生物。随后,实验者要求被试者选用不同的形容词去评价它们,比如哪一个看起来更"诚实"、更"有吸引力"或者更"聪明"。果然，被试者将表示积极品性的形容词贴在了自己优势边的外星生物上。在另一个实验中，卡萨桑托让被试者将厚重的滑雪手套戴在他们的惯用手上，然后按照特定的图案小心地摆放多米诺骨牌。在戴上滑雪手套仅仅 12 分钟后，他们就将含义积极的描述（类似于"为外星生物贴标签"实验中的那些形容词）贴在了自己的非优势边。只是戴上滑雪手套，感受片刻的笨拙与不便，就足以将非惯用手与积极意义联系在一起。

"不同于语言表达和身体行为中'好即是上'（good is up）的概念隐喻，在任何语言与文化中都不存在'好即是左'（good is left）的隐喻联结。"卡萨桑托说道，[91]"左利手不能将'正确答案'说成'left answer'，他们不能用左手握手，或用左手起誓句句属实、绝无虚言。他们必须像惯用右手者一样说话和行事。如果这些心理隐喻——我们头脑中的这些非语言映射——是由语言引起的，那么每个人都应该认为'右即是好'。因此，这种心理隐喻是随着身体经验而产生的，唯其如此，惯用右手者才会认为'右'即是'好'，而惯用左手者则会认为'左'即是'好'，丝毫不受语言表达与文化习俗的影响。这就是我们经过反复验证而得到的答案。"在这一发现的基础上，卡萨桑托和他的同事们又将目光转向了实验室之外，通过对日常生活的观察揭示我们的惯用手如何在不经意间巧妙地指导了我们的行为。他发现，总统候选人——惯用右手的乔治·沃克·布什和约翰·克里，左利手巴拉克·奥巴马和约翰·麦凯恩——在称赞某件事时用惯用手做手势，在进行批判时则用非惯用手做手势。最令人震惊的是，他发现说英语、荷兰语和西班牙语的人更喜欢大部分字母出自键盘右侧的单词，而且自 1990 年以来，美国人一直更偏爱由键盘右侧字母组成的婴儿名字。2010—2018 年，最受欢迎的名字包括"诺亚"（Noah）、"利亚姆"（Liam）、"索菲亚"（Sophia）和"米娅"（Mia），等等。

生活在 21 世纪的我们，与几千年前在墙壁上绘制自己手部轮廓的洞穴艺术家并没有太大的差别。事实上，由于短信和电子邮件的文本输入方式将进一步取代口语表达，与之前相比，我们的手更加深刻地影响着我们与世界的连接。用户体验的先驱者史蒂夫·乔布斯曾戏谑道，如果他看到有人在 iPhone（苹果手机）上使用手写笔，就说明这个项目失败了。最直观的用户界面利用的是"优先于一切工具的工具"，也就是人的手。手不仅塑造了我们看待事物和策划行动的方式，也影响着我们做出判断和确定意义的方式。

本书的第一部分至此就告一段落了。在前三章中，我们探讨了身体是如何将知觉与行动结合在一起的。接下来，我们将把注意力转向"认知"。我们所做的决定、交谈时所用的语言以及我们所感受到的情绪，并不完全取决于大脑，而是我们的身体将知觉与认知整合的结果。

第二部分

认　知

第 4 章

思维：流畅性让人更容易扯淡

1598年，曾受雇于费迪南多一世·德·美第奇的两位意大利工程师——亚历山德罗·弗朗西尼和托马索·弗朗西尼，从意大利的佛罗伦萨来到了位于巴黎郊外的法国小镇——圣日耳曼昂莱，法国国王亨利四世的主要住所就坐落于此。为了彰显皇权的尊贵，他们在扩建皇家宅邸的过程中，实现了前所未有的设计突破。在直通塞纳河畔的梯田露台上，兄弟二人设计了一系列人工洞穴和半封闭的长廊。塞纳河水会流入最上层露台的喷泉，然后向下流动，驱动一系列神奇的自动机械装置，其场景的建造灵感来自众多神话传说：平静地吹奏排箫的独眼巨人、弹奏风琴的宁芙仙女、豪饮的酒神巴克科斯，吹小号的墨丘利，以及从天而降的珀尔修斯，他拔出剑来，杀死一条从水池中升起的恶龙，解救了安德洛墨达。这些神话形象的自动机械装置是以河水驱动的，当过路者踩到人行道上的某块石头时，就会打开一个阀门，改变这些机械人物内部管道中的水压，使它们栩栩如生地运转起来。所以,早在"人工智能"成为流行语之前,欧洲上层阶级已经通过"机械人偶"领略到了机器是如何"活"过来的。1614年,一位四处游历的哲学家行至此处,从这座皇家花园中获得了灵感。他就是年轻的勒内·笛卡儿。

尽管这位思想家只在圣日耳曼住了约一年,但这些"机械人偶"显然对他造成了深刻的影响。笛卡儿在他的著作《人论》中对人体的功能进行了长篇论述,他认为从食物的消化到心脏的跳动,从四肢的运动到大脑的活动,所有这些过程都可以从机械原理的角度去解读。"我希望你们思考这样一个问题,即人体的功能仅来自人体各个器官的构造,恰如钟表或其他自动化装置的运动来自对配重的调整和轮子的运转。"他写道,"我所描述的'人体'机器的神经,就好比这些喷泉的机械管道。"这也将笛卡儿引向了人与动物的区别问题。在他看来,人有别于动物之处就在于"人的理性"。他在《第一哲学沉思集》中补充道,"人"是"一种能够怀疑、理解、肯定、否定、同意、拒绝,同时还能想象和感知的东西"。[92] 他写道:"当一个理性的灵魂存在于肉体这台机器之中时,它将以大脑为主要居所,就像栖居于此的喷泉制造者。如果他想启动、阻止或以某种方式改变喷泉管道的运动,他就必须驻留在管道返回的蓄水池旁。"[93]

在笛卡儿看来,人体这部机器中的"幽灵"(即灵魂),是一种神秘超然的智慧。这是有关"人与动物之别"这一长期论题的又一表述。回溯到亚里士多德时代,人们的看法是我们的"灵魂"寓于智慧之中,它是永恒的、神赐的,将"我们"(人类)与"它们"(动物)区分开来。实际上,在中世纪基督教的教义中,对身体及其欲望的认同本身就是一种罪恶。在笛卡儿的时代,这是一种被普遍接受的文化观念。

笛卡儿提出了"笛卡儿二元论",它主张人是由物质的"身体"(包括大脑)和非物质的"心智"所组成的。这种"身心分离"的状态在日常语言中亦有所体现。比如,我们会说"拥有"怎样的身体,但很少说"是"什么样的身体。从这个意义上说,身体是承载心智的工具。

我们能够坦然地将心智与身体分离,这可能反映了人类思想的固有偏见,即所有人都拥有一套处理物质实体的系统和一套处理社会实体的系统。[94] 耶鲁大学心理学家、哲学家保罗·布鲁姆指出,"身心二元论"对儿童来说是与生俱来的。他观察到,年幼的孩子"会告诉你,某些行为需要用脑,比如解答数学题;但其他事情则不需要,比如爱你的兄弟,或是假装成一只袋鼠"。[95] 无论儿童还是成年人,似乎都自然而然地认为,身体活动与心智活动分属不同的领域,前者包括走路和心算这样的行为,后者则源自另一个超脱于现实的领域,其中涵盖了很多难以解释的人类情感倾向,比如爱、创造力、惊愕,等等。

当然,我们可以简单地将大脑看作一个实体装置。纵观历史,人们运用大量的隐喻来描述大脑的运行,每种隐喻都从当时备受推崇的技术中汲取了灵感:受弗朗西尼兄弟设计的机械人偶的启发,笛卡儿将大脑描述为一台"液压驱动机器";其他人曾将大脑比作"蜡块"(柏拉图)、"白板"(约翰·洛克)、"磨坊"(戈特弗里德·威廉·莱布尼茨)、"液压系统"(西格蒙德·弗洛伊德)、"电报机"(前面提到的冯·亥姆霍兹),以及"电话总机"(查尔斯·谢灵顿,他因在神经元方面的工作而获得了诺贝尔奖)。截至本书写作之时,在心理学、认知科学及相关领域的各种主流观点中，最为盛行的隐喻是"心智计算理论"。在这一理论中，大脑被比喻为计算机的硬件，相当于CPU（中央处理器）和硬盘驱动器；而心智则是计算机的软件，是一个配备了许多应用程序的操作系统。如今，这种有关身体与心智如何联系在一起的类比（大脑是一台计算机，而心智是它的操作系统）已经被广泛接受。

用计算机程序模拟心理过程，从而提供一种预测行为的方法，是一项"好科学"，类似于用计算机程序模拟天气状况，预报天气。然而，将心智或者天气视为计算机程序则另当别论。就天气而言，这种观点是极为荒唐的。不过，"心智计算理论"强有力地宣称，大脑是一台计算机，而心智是其软件。诚然，计算机模型在理解、模拟以及预测认知表现等方面极为有用，但这并不意味着大脑就是一台计算机。同样，计算机模型也是理解、模拟和预测天气的实用手段，但是天气显然不是一段计算机程序，且模拟降雨并不会让人真正淋雨。大脑是一个身体器官，通过进化得以支持特定有机体的生活方式。而计算机是人类智能设计的产物，它们就像弗朗西尼兄弟设计的自动机械装置一样，是人造的、没有生命的物体。

直觉

2012年春，英国剑桥大学和萨塞克斯大学的一个研究团队为一项实验挑选了一批拥有杰出能力的被试者——18位来自世界金融之都"伦敦金融城"的对冲基金交易员。[96]这些男性交易员练就了一种令人眼花缭乱的技能，在几秒或几分钟内即可完成交易，或者在几个小时内搞定长期交易项目。交易员要尽快推断价格模式，对瞬息万变的海量数据做出迅速解读，然后像研究者指出的那样，在几秒钟内做出重大决策。此外，他们的薪酬结构与个人的责任付出关联最大——他们没有基于公司整体业绩的年终奖金，个人薪酬完全由交易利润的提成组成。因此，一名交易员可能因为自己卓越的个人表现而获得接近1 000万英镑（大约1 300万美元）的高额年薪，但他们也可能很快被解雇。综合这些因素，研究人员在所谓的"欧洲主权债务危机"的尾声找上他们。受这场危机乃至波及范围更广的全球金融危机的影响，欧元区边缘经济体国家的经济摇摇欲坠，像希腊这样的国家陷入了极为深重的国家债务困境。上述一切都表明，这些交易员的工作在技能方面要求极高，利润颇为丰厚，且在研究进行期间恰好处于极端不确定的状态。而研究人员交给他们的任务是聆听自己的心脏跳动。

首先，每位交易员都被要求安静地坐着，在不触摸自己胸部、手腕或其他脉搏点的前提下，计数自己在短时间内的心跳次数。按照随机顺序，以25秒、30秒、35秒、40秒、45秒和50秒的时间长度重复此计数任务。与此同时，实验者根据心率监测器的记录，将交易员对心率准确性的自我感知与给定时间段内心脏的实际跳动次数进行比较。在每次计数测试之后，交易员都会对自己的心率估测结果进行信心评估，自信程度从"全凭猜测"到"完全相信自己的准确性"不等。接下来，交易员进行了一组听觉方面的测试，听到的声音要么与他们的心跳同步，要么有所延迟。这样的测试一共进行了15轮，在每一轮测试之后，实验者都会询问被试者听到的声音是否与自己的心跳同步。实验者还对交易员的年龄、从业年限以及个人损益表等信息进行了收集——损益表是商业成功程度的衡量标准,它反映了交易员在某一年内的赢利或亏损情况。此外,研究人员从萨塞克斯大学抽取了一组年龄相当的非交易员男性作为对照组,对他们进行了同样的测试。

研究人员发现,实验组比对照组更擅长感受并计数自己的心跳。[①]此外,交易员对心率进行估测的准确性越高,其赢利能力也越强。心跳感知的准确性也可以用来预测一名交易员在金融市场的存活期。最有趣之处或许在于,就群体而言,有经验的交易员对于心跳的感知较新手更为准确。虽然心跳感知的准确性可以用来预测交易员的表现,但被试者对自己在准确性测试中的表现是否自信与交易员的商业成绩毫无关联。研究者在论文结尾处写道:"我们的研究结果表明,加强与人类生物学的深度融合,将有益于对经济学及其所依据的行为假设的研究。今天,在经济学领域内存在古典经济学家与行为经济学家之争。前者认为心理学和神经科学研究所取得的发现对经济学研究毫无用处,后者则确实借鉴了这些实验科学的研究成果。这场辩论缺少相关的证据,以证明身体信号或者说我们的身体,在指导人类决策与行为方面所起到的作用,尤其是在承担风险方面。"[97]

研究者对一种被称为"内感受"的知觉过程很感兴趣,即人们如何感知自己的内在状态。意识到自己已经吃饱了,应该停止进食,或者膀胱已经满了,需要将它排空,这些都是"内感受"信号在发

---

① 研究人员计算了每一位被试者的"心跳准确性分数"(简写为HS)。在每一次测试中,$HS=1-[|n实际心跳-n报告心跳|]/[(n实际心跳-n报告心跳)/2]$。取被试者在多次实验中的平均值。

挥作用。"内感受"倾向于在潜意识或半意识状态下运行，除非需要采取行动。例如，在发生消化不良之前，我们不太可能注意到消化过程。（当然也有例外。德雷克是一名跑步爱好者，久而久之，他对自己的消化过程有了更精确的感知。他发现，饭后约三小时外出慢跑，这种时间安排可以让身体获得最多的能量并承载最小的负荷。）总的来说，我们通常不会注意到自己身体内部一直处于被感知的状态，除非有什么不对劲，比如感到恶心或者疲惫。"内感受"是我们对身体内部状态的感知，在任何时候，来自组织和器官的感受器（包括心脏）都在向大脑发送信号。

就像视觉经验不只涉及眼睛一样，思维也并非全然取决于大脑。譬如说，心脏的每一次跳动都会激活心脏中的压力敏感神经受体，这些受体会对心脏功能进行检测，并向大脑发送信号。大脑始终都与心脏、其他器官以及身体的各个部分保持着动态交流。"每时每刻，我们的大脑都代表着不同器官的活动，"该研究的合作者、萨塞克斯大学精神病学教授萨拉·加芬克尔说道[98]，"这可能会影响我们对世界的看法和感受。对我而言，这标志着我们研究神经科学的传统方式发生了转变，从更具体的角度来说，就是把大脑看作嵌入身体的一部分。"在加芬克尔的研究中，交易员感觉到了他们的"内部环境"，因为它会随着感知到的市场动向发生变化。这些"直觉"被视为对市场趋势好坏的评估。在前面的章节中，我们看到了同样的实用原则在感知坡道倾斜度时所起的作用：如果你精力充沛，爬坡就会显得更加容易。面对坡道与购买股票相似，是欣然选择还是规避潜在的风险，这些行动是由知觉引导的。

加芬克尔在不同背景下对"内感受"进行了研究。她发现，一个人计数自己心跳的自信与他们在心跳自我检测试验中的实际表现之间的差距越大，他在日常生活中的焦虑感就越强。重点就在于：与身体脱节不仅会导致做出更糟糕的决定，还会带来更大的焦虑。这同时也表明，"内感受"或许是解决焦虑或相关问题的一个切入点。有证据表明，训练人们注意身体的内部信号可以提高人们的内感受准确性，[99] 其中包括 2 型糖尿病患者对血糖水平进行自我评估的准确性。[100] 这意味着，越了解自己的身体状态，越能做出好的决策，无论是购买股票还是保养身体。

思想与生物能量学

人是有生命的机体。然而出人意料的是，几乎所有的心理学研究领域——从大众心理学到理论心理学——都忽视了人类作为生命体而存在的现实及其结果。作为生命体，我们受本能驱使去遵循两个生物学需求，即生存和繁殖。我们所做的一切几乎都以这些需求为基础，尽管我们很少意识到这一点。

生存在很大程度上是由生物能量学需求驱动的，摄入的热量要大于消耗的热量。此外还需要找到藏身之所，以应对恶劣的天气和被吃掉的风险。满足这些，才能生存下来。

生命体的行动需要能量。在前面有关行动的章节中，我们关注的是人类如何看待自己在周围环境中行动所带来的生物能量消耗。我们对坡度和距离的感知，取决于运动时的生物能量消耗。如果把"行动"看作市场上的商品，那么生命体就必须以"能量"为货币进行支付。我们所做的一切都涉及能量的消耗与获取，其中也包括

"思想"的形成。

形成思想需要能量,并受到生物能量因素的影响。大脑是耗能器官,在静息状态下,其能耗占人体代谢量的20%。大脑也是能量资源的守护者,以前馈和反馈的方式寻找并管理能量。前馈系统可以预测未来。我们要去杂货店,往往不是因为感到饥饿,而是为了避免挨饿。反馈系统则对当下情形做出反应。饥饿是一种令人不悦的感受,它会促使我们快速寻找食物——马上去翻冰箱或食物储藏柜!将大脑假定为一台计算机的心智计算理论,则与这些生存需求毫无交集。计算机不是活的生命体,它们不受生存需求的制约。当然,计算机可以像模拟天气一样模拟生物过程,不过,计算机和雷暴都不是生命体。我们所做的一切都建立在生存需求的基础之上,通过能量的消耗与获取得以实现。

这也可以解释为什么有些东西(比如血糖值)会影响我们评估事物的方式。美国南达科他大学的王晓田和罗伯特·D. 德沃夏克利用"未来折扣"(future discounting)现象对此进行了研究。所谓"未来折扣",即相比未来更大的回报,人们更倾向于获得眼前(近期)的收益。[101]例如,大多数人会选择立刻获得100美元,而不是一周后获得105美元。在王晓田和德沃夏克的实验中,他们通过软饮料"雪碧"来控制被试者的血糖值,并要求被试者回答他们是想在第二天拿到较少的钱(90~570美元),还是想等到以后(4~939天后)拿到更多的钱。被试者要在喝下一杯雪碧前后两次回答这一问题。雪碧可能是含糖的,也可能添加了零热量甜味剂,这取决于被试者所在的组别。结果是,喝了含糖饮料的被试者更倾向于"延迟满足",即在未来拿到更多的钱。雪碧(或者说通过雪碧而摄入的糖分)弥补了"未来折扣"造成的损失。类似地，一些研究[102]表明，人们在喝了一大杯含糖的柠檬水后会变得更加乐于助人。

另一项研究对以色列假释法官在自然状态下的决策进行了调查，以此来考察人们的思想活动。这些法官需要决定是否批准服刑人员的假释申请。显然，多数假释申请都会被法官"驳回"。然而，也可能出现一些例外。法官会在上午开庭听取所有申请，在漫长的听证过程中，会有两次休息，法官会暂时离开法庭去吃点儿东西。在早晨刚开庭或者每次茶歇后，法官更倾向于批准假释。但随着工作时间的延长和疲劳感的增加，他们的裁决变得越来越消极。当体内能量被耗尽时，法官就会采取"直接说不"的简单决策模式。而茶歇之后，他们更有可能对案件进行深入思考，并做出积极的裁决。和其他生理过程一样，司法裁决也需要能量。[103]

这些研究成果对于政策的制定具有重要的指导意义，特别是在教育领域。最近，研究人员在一项针对加利福尼亚州公立学校的调查中发现，在学校与校外餐饮机构签订了更健康的午餐服务协议后，学生在年终学业测试中的平均得分会提高约4%。[104]事实上，在低收入家庭学生较多的高中里，每天提供三餐似乎是提高学生成绩的一个关键因素。[105]同样，在学校吃早餐的孩子有更好的出勤记录和更少的行为问题。[106]如果暂时的营养摄入不足会令法官心烦意乱，进而做出"直接说不"的裁决，那么试想一下长期的食物匮乏会对8岁孩子的认知产生何种影响。任何人的思想都会受到当前生理能量的影响，思维方式与身体的感受以及我们对这些感受的解读息息相关。

流畅性

1991 年，现就职于南加州大学的心理学家诺伯特·施瓦茨及其合作者召集了数十名德国大学生，让他们回忆他们认为自己行事果断或不够果断的事件。其中一些人被要求提供 6 个事例，而另一些人被要求提供 12 个事例。[107] 此外，他们还要评估想出这些事例的难易程度，并判断自己是否果断。研究人员吃惊地发现，同那些被要求列出 12 个事例的被试者相比，仅被要求列出 6 个事例的被试者对自身果断程度的评价更高。实质上，被试者所要提供的果断行事的例子越多，就越会认为自己不够果断。为什么会这样？因为想出"几个"果断行事的例子要比想出"很多"例子轻松得多，而人们会根据想出事例的难易程度来判断自己有多果断。举几个例子，小事一桩；举很多例子，难上加难。

我们很容易将认知过程视为计算过程。"心智计算理论"所表达的就是这种观点。但是，计算模型掩盖了许多事情，其中之一就是"对思维过程的感受"，或者说，我们如何感知自己的思想决定我们最终会拥有怎样的想法。例如，在上一章中，我们探讨了身体动作的难易程度对判断力造成影响的多种方式。容易的行为令人感到舒服，所以我们会认为这样做更好。在上一章中我们了解到，人们对那些出现在自己优势边的事物更有好感，因此才有了"上帝的右手"（the right hand of God，象征权力）和"假意逢迎"（left-handed compliments）之类的语言表达。施瓦茨的研究表明，人们在思维过程中感到轻松或是费力的程度，同样会影响人们对自己的想法或他人的言论是否准确、真实或可信的判断。就像挪动冰箱或出去跑步这样的肢体活动，思维活动也伴随着对努力过程的感受。在我们不留意的情况下，这些感受影响着我们评估事物的方式。我们不是"机械人偶"或者计算机，我们是活着的有机体，思考时的感受引导着我们的思维。每时每刻，我们都在感知自己的思想，否则我们永远无法靠近它们。

思维是一种具身化的活动，就像运动一样。有时流畅顺利，有时颇为费力。在体育运动中，"进入状态"意味着你的身体正在做你希望它做的事情，此时，有意识的判断对身体的帮助或干扰最小。而没有进入"心流"则意味着事情进展不顺，这种状态通常伴随着"自我指导"和"自我厌恶"等低效想法。无论运动还是思维，毫不费力的流畅感意味着你很擅长自己正在做的事情，或者至少会让你产生这样的感觉。

身体活动有难有易，精神活动亦是如此。我们在很多情况下都可以感知到"流畅性"，比如你会发现，好的散文读起来如行云流水，迷人的旋律听上去令人陶醉，记住一个短语是如此轻而易举。一段经验的流畅性会在我们没有意识到的情况下影响我们的价值判断。文笔流畅的作家给人以睿智的印象，而通顺的表达听起来像是确有其事。一项巧妙又严肃的实验表明，当以英语为第二语言并带有严重口音的人，被要求重复一些冷知识时，同母语者相比，他们所说的内容往往被认为是不够可信的。如果一个说话不带口音的人告诉你，"长颈鹿在不喝水的情况下比骆驼活得更久"（这是真的），你更有可能会相信他们所言非虚，即便他们只是照本宣科的传话者。

实验结果表明，这种由流畅性带来的真相效应是非常易于操纵的。在一项早期研究中，实验者询问被试者诸如"利马在秘鲁"之类的说法是否正确，同时通过修改印刷文本的颜色及其与背景之间的对比度来改变阅读的便利性。当这些陈述更易于阅读时——比如，白色背景上的红色字体比同样背景下的黄色或淡蓝色字体更易识读——它们更容易被认为是正确的。押韵被视为提高阅读流畅性的绝佳手段。在相关研究中，被试者认为押韵的格言（比如"woes unite foes"和"what sobriety conceals alcohol reveals"）比那些不押韵的格言（比如"woes unite enemies"和"what sobriety conceals, alcohol unmasks"）更为准确。[108] 不过值得注意的是，当实验人员要求被试者将表述的真实性与其诗性价值区分开时，这种由流畅性带来的真相效应就会减弱。

押韵有助于记忆，从而激发出真实感，这是一种具有普遍性的文化现象。押韵的史诗是口述传统的核心载体，学者主张，比起苍白无味的散文，人们更容易回忆起结合了韵律与节奏的长篇诗歌。弗里德里希·尼采认为，押韵是通向记忆的渠道，也是人们追寻心中神圣事物的一种手段。"有韵律的祈祷似乎更容易被上帝听到。"他在《快乐的科学》中这样写道。[109] 还有一个距离我们更近的例子，回想一下在 O. J. 辛普森受审时其辩护律师关于那只染血手套的反复陈述："如果手套不合适，你们必须将他无罪释放。"但奇妙的是，如果告诉人们，押韵会影响他们的判断，那么押韵的影响就会消失。

丹尼尔·卡尼曼和阿莫斯·特沃斯基这对传奇的实验心理学搭档在 20 世纪 70 年代提出了"可得性法则"，这进一步引申出流畅性在人类判断中所起的作用问题。[110] 根据"可得性法则"，某件事发生的可能性与人们感知或回想起它的难易程度存在关联。来看看他们研究中的一个例子：在英语中，以 K 为首字母的词更多，还是第三个字母为 K 的词更多？也就是说，是"kangaroo"（袋鼠）这样的词更多，还是"acknowledge"（致谢）这样的词更多？总的来说，人们认为以字母 K 开头的词要多于第三个字母为 K 的词。然而，事实恰恰相反。为什么人们对这一问题的看法与实际情况相去甚远？因为，很显然，我们更容易想到以特定字母开头的词，而不是某个位置含有某个字母的词。试一试：想出 5 个以字母 K 开头的词，然后再想出 5 个第三个字母为 K 的词。哪个更容易做到？当然是前者。如果某件事较容易被想起，那么人们往往会认为它的发生概率也相对更高。这种认知模式有着巨大的政治和社会影响。正如卡尼曼所指出的，媒体包括社交媒体影响了我们对事件发生或出现频率（是屡见不鲜还是难得一遇）的认知，这种影响涉及社会生活的方方面面。例如，对外国恐怖分子的恐惧症状引发了大量政治信息的散布，尤其是来自美国右翼的信息。自 2001 年"9·11"恐怖袭击事件发生以来，平均每年会有一名美国人死于在外国出生的恐怖分子之手。加上被美国本土出生的恐怖分子所杀的受害者，每年大约有 6 名美国人因恐怖主义而丧命。[111] 相关报告显示，与死于难民恐怖分子之手相比，美国人死于小行星撞击、枪支袭击以及癌症和心脏病的可能性分别是前者的 29 倍、12.9 万倍和 690 万倍。[112] 媒体理论家称这种现象为"恶世综合征"，它指的是由大众媒体对暴力内容的大肆报道而导致的人们对所处世界暴力程度的过高估计。举例来说，美国的犯罪率在 1991 年达到峰值，此后急速下降，但最具权威的民意调查表明，美国人认为进入 21 世纪以来，犯罪率每年都在上升。为什么会这样？因为 12 岁以下儿童通过电视而了解到的谋杀类案件约达到8 000起。¹¹³ 这也说明了积极的媒体报道对转变人们态度的重要性。在最近的一项研究中，193名美国白人被要求观看以下两部剧中的一部。其一是美国全国广播公司（NBC）的热播剧《老友记》，这部剧后来因为严重缺乏种族多样性方面的考虑而受到批评①；第二部是加拿大情景喜剧《大草原上的小清真寺》，它讲述了生活在萨斯喀彻温省某个小镇上的一户穆斯林家庭的故事。结果，相比那些看了《老友记》的观众，观看第二部剧的观众对阿拉伯人表现出了更加积极的态度。重点在于，随着人们对外群体成员认同感的增强，对他们的偏见也会明显减少。¹¹⁴

在许多情况下，流畅性可能具有欺骗性。对儿童乃至成年人来说，实际上流畅性会对学习造成阻碍。比如，许多学生备考时会用笔标注重点或通读笔记，因为这样做既容易，又会让人觉得自己已经很好地掌握了知识。但事实上，对知识的长时记忆是通过主动回忆建立起来的，这样做要困难得多，而且体验上并不"流畅"。在学习之前和学习期间进行自测感觉很糟，但是大量研究表明，这样做可以让你学得更好。组织环境的多样性和包容性是另一个与之类似的例子。在一个同质化群体中（比如一家完全由20多岁的白人男性组成的小型初创公司），成员之间的相处与协作显得融洽而"流畅"，但也容易产生未经思考的轻率决策。

实验发现，多样性团队中存在的"不流畅性"有利于做出更加缜密的决策。和一些长相、声音、思维方式都与自己不同的人共事，自然不如和背景相似的人坐在一起更舒服。这种不适感会激发出更

---

① 该剧在角色设定方面缺乏对有色人种的考虑，因此引发众怒。——译者注

多、更强烈的反思。来自得克萨斯大学杰米·彭尼贝克语言实验室的研究表明,要想让人们支持你的论点,表达的流畅性发挥了关键作用。当时的研究生瑞恩·博伊德(现任英国兰开斯特大学助理教授)对"智慧平方"系列辩论节目的结果进行分析。参加节目的团队要在现场观众面前进行辩论,然后由观众票选出他们心中的获胜方。博伊德发现,辩论者使用的语言越复杂,他们说服人们的可能性就越小;相反,语言越具体,其论点就越有说服力。他解释道:"人们天生就喜欢那些无须努力、直观易懂且容易产生共鸣的事物。"[115]

思维不能脱离感受而独立存在。我们的知觉世界总是充满了随行动与思想而来的努力感。这些感受暗示我们何谓对、何谓错、某事发生的概率以及我们终将拥有怎样的社会结构。也就是说,思维是一种身体经验。而思想本身,即使是最为抽象的形式,也始终没有脱离生命体的内在感受。

对"流畅性"以及群体决策的测试

正如你现在所了解到的,思维不仅仅是发生在你头脑中或身体里的事情。长久以来,社会心理学已经向我们展示了我们所在的群体如何影响了我们所做的决定。美国塔夫茨大学心理学家塞缪尔·萨默斯在这一问题上成果斐然。2006年,他对群体构成在现实环境中的影响所展开的调查,成为一项具有里程碑意义的研究。[116] 萨默斯与密歇根州安娜堡市附近沃什泰诺县的一家法院进行了合作,这里距离他获得博士学位的密歇根大学不远。他与当地法官和陪审团管理人员联合招募了200名被试者，最终组成了29个模拟陪审团，每个陪审团含6名成员。这些陪审团有1/2在种族构成上是同质化的，即全部为白人；而根据实验设计，另外1/2在种族构成上是多样化的，每组包含两名黑人和四名白人。大约60%的被试者为女性。

陪审团小组被要求坐在法庭的长方形桌子旁，并被分配了陪审员编号，他们坐在一起，能够清楚地看到彼此。接着，他们要接受预先审查，以淘汰带有偏见的潜在陪审员。审查提问的内容有两种版本，一种不涉及种族因素，另一种则涉及对种族的态度。然后，陪审团小组观看了一段30分钟的《电视法庭》[117]节目视频，其中一名黑人被告面临性侵指控。视频重点介绍了审判过程中控辩双方在辩论开始与最后阶段的陈述，以及证人的证词。在被试者观看的这段视频中，控方论点是以法医鉴定为依据的：在现场发现的精液和头发与被告的一致，但尚需进一步确认。辩方反驳说，法医的证据并不确凿，并且缺少目击证人。

然后，陪审团被要求对他们刚刚在电视上看到的案件进行仔细审议，他们的讨论过程被摄录下来。每组要选出一位陪审长，由他代表陪审团发言。如果陪审员意见一致，陪审长将通知实验人员并报告陪审团的决定，小组讨论时间不得超过一个小时。

审议结果非常相似。在29个模拟陪审团中，只有一个小组的内部达成一致的有罪裁决，该小组的陪审员全部为白人。在种族多样化小组与种族同质化小组中，主张被告无罪的陪审员维持着相对恒定的比例；种族多样化小组更容易陷入审议僵局，而这一结果往往是由在预先审查过程中被问到与种族相关问题的被试者引起的。但更引人关注的是他们的审议习惯：种族多样化小组平均需要用50分钟来做出决定,这比全白人小组的审议时间长了整整 12 分钟。他们会考虑更多的案件事实,做出的不准确陈述会更少,而且更有可能提及种族问题。但审议时间的延长不仅是因为有色人种提出了更多的观点,还因为在这些种族多样化小组中,白人变得更加谨慎,对种族问题的讨论持更加开放的态度,且通常会提到更多的案件事实。萨默斯着重强调了陪审员之间的几次交流,这些对话可以用来说明当时呈现出的不同审议习惯。在全是白人的小组中,种族问题一经提出,就会被视为无关紧要的话题。(3 号陪审员:"但是我告诉你,你知道吗?对不起……受害者分不清不同的黑人。"6 号陪审员:"我不相信。")但是在种族多样化小组里,白人成员会直接呼吁黑人成员证实他们的说法。(6 号陪审员:"我们现在正在经历恐怖主义。你知道,执法部门对有阿拉伯血统的人非常谨慎。而且我认为他们经常这样做,尤其是对黑人男性。我不知道你们 2 号和 3 号陪审员是否经常碰到这种情况,但是……"3 号陪审员:"我、我是在种族定性的影响下长大的。")这是一个重要的结论,即当周围没有和自己外貌相似的人时,人们会表现得更加谨慎。"白人被试者的表现因小组人员的构成而有所不同,其中一个表现是,与身处全白人小组时相比,当他们在种族多样化小组中参与审议时,他们做出的不准确陈述更少,而他们实际提供的信息则更多。"萨默斯写道,"这一结果表明,当白人陪审员与异质化群体一起审议案件时,他们会更系统地处理审判信息。"由此可见,置身于多样化群体中可能会让你感觉不适,却能促使你做出更加深思熟虑的决定。就这一研究而言,这种不适感将使你去寻找和考虑更多的证据。

"流畅性"在现实世界中的一种体现:"扯淡"

我们的想法以及我们想问题的方式在很大程度上是由具身的、现象学的力量所塑造的,这也让我们易受"扯淡"的影响。普林斯顿大学哲学家哈里·法兰克福在他的一篇哲学论文中首次提出了由随处可见的"扯淡"现象带来的危害。该论文后来以《论扯淡》为名出版成书,并意外登顶《纽约时报》畅销书排行榜榜首。[118]他在这本书的开篇就一针见血地指出:"我们的文化所具有的最显著的特征之一,就是'扯淡'无处不在。关于这一点,每个人都心知肚明。"纯粹的说谎者与扯淡者之间的区别在于他们对待真相的态度。他指出,扯淡者的言论"无关真相本身",他们"不关心自己言论的真相价值",对真相毫不在意。相比之下,我们可以大度地说,说谎者遮掩真相的行为至少体现了对真相的充分尊重。

法兰克福在这本出版于 2005 年的书中指出,"扯淡"现象在此后若干年里只会愈演愈烈,且有成为主流之势。"扯淡"(法兰克福委婉地称之为"诓骗")可以通过多种方式实现。例如,喜剧演员斯蒂芬·科尔伯特在《科尔伯特报告》节目中创造了"感实性"一词,意思是感觉某事为真,但不一定与事实挂钩。

仅仅几个月后,"感实性"就击败了"播客"、"生活妙招"、"数独"和"剁手星期一",被美国方言协会选为 2005 年年度词汇。它的出现恰逢经验性证据与事情的真相开始脱节之时,新闻机构的衰落和社交媒体的日益流行加剧了这一状况。(在 2005 年,仅有 7% 的美国成年人使用社交媒体;到了 2015 年,这一比例上升至 65%。)[119]谁能预料到 2004 年推出的"脸书"会成为一个充斥着废话、谎言和感实性真相的平台，甚至会影响到10多年后的美国总统大选？[120] 我们对流畅性的偏爱使我们易受"扯淡"的影响——如果"感觉"对了，那它"就是"对的——这一弱点经媒体层面放大后，我们就会得到具有感实性真相的虚假新闻。

"扯淡"现象的产生似乎可以归结为无须或只需承担较少的责任。在一项实验中，美国维克森林大学心理学家约翰·彼得罗切利招募了500多名线上实验被试，让他们回答与一个名叫"吉姆"的虚构人物有关的问题。在实验中，"吉姆"被设定为一个刚刚退出市议会竞选的当地政客。[121] 实验人员要求被试者给出"吉姆"决定放弃的5个可能的原因。彼得罗切利从几个方面对可能引起"扯淡"行为的自变量进行了操纵：其中一些被试者获得了关于"吉姆"的真实背景知识，这些背景知识是以自传体的形式呈现出来的；一些人被告知，如果他们不想回答问题，则不必提供答案；还有一些人则被告知，他们的答案将被一些非常了解"吉姆"的人员评估。在被试者完成答题之后，彼得罗切利要求他们报告这些事实对自己观点的影响程度，即自我诊断一个"扯淡"分数。上述因素都会影响"扯淡"的程度：那些完全不了解吉姆背景信息的人，以及自认为有社会义务去给出解释的人，都是十足的"扯淡者"。彼得罗切利对此的解释是，当人们觉得他们有义务就他们实际上知之甚少的事情进行交流，或他们认为这样做可以获得"社会认可"时，他们就会选择"扯淡"。与众多的人类行为一样，"扯淡"也是高度社会化的行为。当人们发现无须对自己的言论负责时，就更有可能信口开河。但当周围的社交线索暗示你没那么容易获得认可时（就像那些相信自己的答案会被专家评判的人一样），你就不太可能会胡编乱造了。

接下来,实验者要求被试者解释他们对核武器、肯定性行动计划或其他热点问题的看法背后有何依据。其中一些人被告知,一位社会学教授将会对他们的观点进行评估。在实验中,那些不必接受教授评估或认为教授会同意自己观点的人最有可能胡扯。(在无须承担责任的前提下,被试者给出的答案有:肯定性行动计划"在一定程度上有助于解决失业问题",死刑"与无期徒刑具有同等效力",等等。)因此,实验结果证实了彼得罗切利所提出的"扯淡的容易程度假说",即流畅性容易导致信口开河。如果你觉得"扯淡"更容易,那么你更有可能会这样做。

流畅性同样决定着作为感知者的我们是否会相信胡编乱造。研究型心理学将这种现象定义为"真相错觉效应",它指的是一个人接触到某一虚假陈述的次数越多,它看起来就越真实。在一项相关研究的实验设定中,被试者会接触到一系列真实(如"西梅干是干的西梅")或不真实(如"椰枣是干的西梅")的陈述。时隔几分钟或几天之后,被试者将对另一批陈述进行评估,其中一些是他们以前接触过的。可靠的结果表明,他们认为之前接触过的虚假陈述更加真实。[122]一篇有关"知识忽视"的相关文献表明,是否真的了解被评估的内容并不重要。与新的陈述相比,如果一个虚假陈述被阅读过两次,在真实性评估中往往会被赋予更高的分数,即便这两种陈述都和已有知识相悖。不过,令人欣慰的是,当被试者被要求对一个陈述的真假做出解释时,"真相错觉效应"就会消失。丽莎·法齐奥及其合作者在研究结论中写道:"通过流畅性来推断真实性往往被证明是一种准确、省力的认知策略,这就是为什么人们有时会忽视已有知识而采取这一思维捷径。"[123]受流畅性的影响,我们更有可能将"容易感知的"误认为是"真实可信的",这与我们感知自己思想的方式有关。但是只需简单的质询,就可以摆脱这种影响。

正如我们所看到的,思想是具身的,出现在我们的知觉世界,亦即我们的"主体世界"之中,伴随着我们身体内部的种种感觉。思想与直觉、努力感、情感和情绪密切相关。理性和感性并非泾渭分明、疏离分隔的两种心智能力。相反,它们以出人意料的方式交织在一起。就情绪而言,情感感受会积极地劝说我们,是"前进"还是"停止"——继续努力还是就此退出。我们的感受也被卷入了对事物的理性思考中,比如该买什么股票、该提防谁以及投票给哪个政党。

第 5 章

感受：情绪如何引起偏见？

下面斜体的语句会引起反感。它们来自"厌恶敏感度量表"（DSS），顾名思义，该量表旨在评估人们在面对令人厌恶的事物时所产生的厌恶体验的个体差异。[124] 被调查者要表明自己对其中一些条目的认同程度，例如：

在某些情况下，我可能会愿意吃猴子的肉。
如果我看到某人呕吐，我也会感到反胃。
虽然我很饿，但如果我最喜欢的一碗汤被一个用过但也彻底清洗过的苍蝇拍搅拌过，我也不会去喝。

或者评估在面对下面这些条目时自己内心的厌恶程度，例如：

在户外垃圾桶里的一块肉上看到蛆。

在穿越铁轨下的隧道时闻到尿味。

朋友给了你一块做成狗粪便形状的巧克力。

在公共厕所里看到没冲水的粪便。

尽管这种评估量表看起来既愚蠢又粗俗，但2005年以来，许多研究者应用该量表进行了研究，这些研究主要集中在（但不限于）美国。研究结果显示，你的厌恶敏感程度（DSS测试得出的结果）能可靠地反映出你的政治倾向。

容易感到厌恶的人往往具有较为保守的政治倾向。这是一个令它的发现者也深感意外的结论。约尔·英巴（现就职于多伦多大学）在康奈尔大学就读期间，曾与他的导师——对道德问题感兴趣的社会心理学家戴维·皮萨罗合作，对道德判断与厌恶感之间的关系进行了调查。在研究过程中，他们同时采用了DSS和其他几种评估量表，这其中就包括对被试者政治倾向的测量。厌恶感与保守主义之间所呈现出的关联，也让英巴想到人们常常使用令人反感的语句来贬低同性恋者。（在本书写作之时，这种情况在很大程度上仍然存在。）

这项实验首次将厌恶感与保守主义联系了起来，它成为一项先导性研究。在它的基础上，英巴、皮萨罗和具有哲学头脑的耶鲁大学心理学家保罗·布鲁姆共同发表了一篇有影响力的论文。[125] 他们从美国的摇摆州招募了181名被试者，并再次观察到了厌恶敏感度与政治保守主义之间的联系。在随后的研究中，英巴及其合作者发现，厌恶敏感度还与堕胎权支持者、同性恋权利支持者，以及控枪支持者的负面情绪存在关联。[126] 英巴及其同事在另一项研究中发现，在2008年美国总统大选期间，那些厌恶敏感度较高的人更倾向于把票投给保守的共和党候选人约翰·麦凯恩；最终，在这类研究所涉及的全球121个国家里，对细菌、病原体及令人反感的人际关系的厌恶都与保守的品质相关。在另一项研究中，那些不经意间暴露在臭味中的学生（研究人员在实验室垃圾桶里喷洒了一种新奇的臭气喷雾剂）对同性恋者的热情程度要低于在无臭味环境中进行相同评估的对照组被试者。[127]此外，还有一些研究团队对这一结论进行了拓展。来自美国弗吉尼亚理工大学的神经科学家发现，令人感到恶心的图片——比如用过的厕所或残缺不全的尸体——在不同被试者中所引发的神经反应大不相同，只需一张图片，你就能分辨出他们是保守派还是自由派。[128]

为什么一个容易产生厌恶感的人比一个不容易产生厌恶感的人更有可能是政治上或社会生活中的保守主义者呢？我们首先要考虑到，保守派人士对变革和创新持谨慎态度。他们重视经受过时间考验的传统，不想"没事找事"。自由派人士不痴迷于传统，他们更倾向于冒险。对食物的偏好是反映保守或自由态度的一个范例。一些人忠于他们熟悉的食物，而另一些人喜欢探索和品尝新的东西。每一种策略都有其相应的好处和代价。只吃熟悉食物的策略使食物保守派守住了他们的饮食安全，他们几乎不会因食物而失望或中毒。这种谨慎态度的代价是，他们可能会错过一些他们可能会爱上的食物。与此相反，好奇的食客更有可能去挑战没吃过的食物，但也将自己暴露在异味、消化不良，甚至食物中毒的危险之中。任何一种立场都有其适用的环境。在一个所有食物都美味且安全的世界里，自由派将成为获取能量的赢家。相反，当诱人却不熟悉的食物可能导致中毒时，保守派的策略更加可取。

我们厌恶的是那些能让我们感到恶心的东西，比如某些食物或者身体的排泄物，等等。以食物为例，如果我们确实吃了有毒的东西，却又得以幸存，那么此后，即使这种食物的气味再轻微，也会让我们感到恶心，且内心充满厌恶感。这种后天形成的"食物厌恶"是大自然保护我们免于再次中毒的一种方式。厌恶感会以最坚决的方式说"不"。你不可能吃那些闻起来令人作呕的东西。厌恶感是一套警报系统，其进化是为了保护我们免受伤害。

与我们以狩猎和采集为生的祖先相比，今天的人们很少会中毒，我们对可憎对象的了解往往来自父母和社会的强调与警告。任何令人恶心的事物都会引发父母的尖叫："别碰那个！"但最重要的是："别往嘴里放！"来自父母和社会的这些警告使我们逐渐形成了自己的内部警报系统，即我们的"情绪"。

情绪是心理活动的监控者。它会告诉我们，"去吧！这样很好"或者"停下！这很糟糕"，以此来调节我们的行为。这种警告作用已经被我们的价值判断体系所吸取，因此某些不道德的行为（比如乱伦）可能会使我们心生厌恶，就像那些最难闻的气味所引起的厌恶感一样清晰且强烈。我们在道德层面上的憎恶感是以厌恶的具身化感受为基础的，这种感受起初是为了保护我们免受致病事物的伤害而产生的。（所以才有了那句："你让我感到恶心！"）而且，正如我们将在下文中看到的，我们拥有丰富多样的情感感受——厌恶、惊讶、恐惧、快乐，等等——这些情绪将我们的知觉世界装点得色彩斑斓。情绪在后台运行，对我们当下的处境进行评估，劝导并说服我们接近或远离某人、某地以及特定事物。情绪塑造了我们的个人世界，并监控着谁在其中更受欢迎。

尽管存在争议，但这并不是一个完全原创性的见解。在18世纪晚期，苏格兰哲学家大卫·休谟就撰文阐述了他对当时哲学家所推崇的"理性主义"的怀疑态度。"理性主义"鼓吹一个人可以通过独立思考来获得真理，只要他能充分地排除情绪和其他因素的干扰。他在《人性论》中写道："既然善恶的发现不能仅凭理性"，那么我们必然要通过某些感受或知觉来理解是非。他注意到，"我们关于道德正直和道德堕落的决定显然属于知觉范畴，"于是他指出，"实际上道德来自感受而非判断。"[129]

感知情绪

1999年，丹尼应邀参加了由美国国会举办的高校国防科研资助项目博览会。美国国防部资助研究采用了"虚拟现实"（virtual reality，简称VR）技术，彼时它还属于一种新兴、昂贵且不常见的技术。在完成了搭建虚拟世界、安装VR跟踪天线的便携设备等大量准备工作后，丹尼实验室的工作人员和研究生把必要的设备装上一辆租来的面包车，驶往华盛顿特区，并在国会办公大楼里安装了VR装置。他们创造的虚拟世界利用了VR领域最吸引人的环境之一：在一个名为"地狱深渊"的场景中，使用者将被置于险峻的悬崖边缘。该场景本是为了娱乐目的，与美国国防部资助研究没有任何关系。美国国防部资助研究的概述就在VR装置旁边的海报上，但没有人去关注它。所有的风头都被VR装置抢走了。

戴上VR头显后，国会议员和他们的工作人员就进入了一个虚拟的"弗吉尼亚州总统大厅"——华盛顿、杰斐逊、麦迪逊等8位美国总统都是弗吉尼亚人。然后，议员被要求在虚拟世界中走近并乘坐自动扶梯，再搭乘扶梯上行。当他们到达自动扶梯的顶端时，他们就会看到"地狱深渊"，即地板上一个被用黄色警戒线隔离开来的险峻幽深的施工洞。从壁架看向洞内，许多楼层都不见了。如果这是一个真实的场景，那么不慎跌落必将致人身亡。看到深渊后，议员会骤然止步，痛苦地惊呼，浑身颤抖，甚至因为紧张而开始频繁地发笑。通往安全地带的唯一方式是取道深渊旁边的狭窄壁架，沿着这条路可以到达下行扶梯的位置。丹尼让议员紧紧抓着他的胳膊，引导他们走到扶梯处，乘着扶梯下楼。摘掉头显后，他们会大声谈论刚刚的体验是多么令人惊叹。就我们现在要讨论的内容而言，这个故事中最有趣的地方在于，尽管国会议员知道他们自始至终都安全地站在地板上，但坠入虚拟"深渊"的可能性仍然会令他们不由自主地产生强烈的恐惧感和焦虑感。你可能会认为，如果他们知道自己到底在哪里，他们就不会感到害怕。但事实并非如此。这是为什么呢？

为了回答这个问题，我们需要引入一点儿功能神经解剖学知识。情绪主要产生于大脑中由最早进化而成的皮质区域组成的"旧系统"中。与此同时，我们的"理性"中枢位于相对较新的大脑皮质，像头盔一样覆盖于更加古老的大脑结构之上。大脑中调节情绪的旧皮质区域是脊椎动物生存的基础。为了生存，动物必须靠近对自己有益的事物，并警惕对它们有害的事物，这是它们在进化过程中得到的最早的教训之一。

太高的地方会很危险。通过自我控制的运动经验，比如爬行或者用学步车行走，婴儿了解到像"视觉悬崖"这样的高度是危险的，因而变得警惕起来。长大成人后，这些感受的影响会变得更加明显。

我们在本章后面的部分会提及，相比于那些不太害怕陡峭地势的人，恐高的人站在悬崖边上看到的高度会更高。你看到的并非真实的高度，而是你自己眼中的高度。

丹尼在弗吉尼亚大学的同事杰里·克罗尔提出了一种将情绪与我们的所见、所想联系起来的理论。从本质上讲，负面情绪（如悲伤、恐惧）指导你暂停手头事务。（远离深渊！）而积极情绪则促使你将正在做的事情继续下去。（现在你回到了安全的地方，感觉良好，就待在那儿。）情绪为行动提供指令："做"或者"不做"，"允许"或者"禁止"。

大脑中产生情绪的区域包括大脑的皮质下结构和边缘系统。我们的边缘系统和脑干负责对包括体内器官、腺体和代谢过程的人体内环境进行调节。情感和情绪感受往往伴随着对身体内环境的感知。例如，焦虑感可能会使人意识到心率的升高，这是由这些古老的大脑结构所控制的。自觉意识是大脑皮质的一种功能，大脑皮质通过心脏中的传感器感知心率，这些传感器通过迷走神经（将心脏和其他器官的信息传递给大脑的"高速公路"）来传输心率状态。大脑中这些古老的皮质结构负责对内环境状态做出调节，并根据这些状态对生活事件做出评估。

人们在"地狱深渊"这一VR场景中产生的多种反应，凸显了大脑中负责情绪的区域和负责理性的区域所扮演的不同角色。国会议员同时经历了两种认知形式：理性中枢知道高度并不是真实的，而情绪调节中枢探测到了危险并引发了痛苦的感受。对于凝视深渊的议员，他们的焦虑感可能与可以暴露出紧张情绪的身体症状相关，如出汗、颤抖以及心跳加速。心脏、皮肤和肌肉中的传感器会记录下身体的痛苦状态，并将相关信息发送到大脑皮质。国会议员的焦虑感以及人类所拥有的一切情绪体验，都是情绪脑通过身体与新（大脑）皮质进行交流的产物。

这与传统的、漫画式的情绪展现方式大相径庭。一个典型的例子就是 2015 年上映的迪士尼动画电影《头脑特工队》。在这部影片中，情绪被刻画成了 5 个形态各异的内在角色，在适当的引导下，这些情绪小人会上升到意识阶段。在克罗尔看来，这种将情绪塑造成具有鲜明个性的漫画形象的表现方式，根本不能对人类情绪世界进行准确描述。情绪并非人类与生俱来的东西，而是由人类创造出来的。情绪是我们评估特定情况对我们有利或有害程度的产物。克罗尔认为，"悲伤、恐惧和愤怒都是消极的情感反应，而每一种情绪都是由不同原因引起的。"他指出，"悲伤与过往的糟糕结果有关，恐惧则关系到可能出现的不利影响，而愤怒是由他人行为所导致的不良后果造成的。因此，情绪之所以彼此不同，主要因为它们是对不同情况的反应。"[130] 情绪不是由某个柏拉图式唯心主义铸造室所创造的、进入心智的精灵，而是对我们所处生态环境的反应。在一个善与恶并存的世界里，情绪使我们得以感知何谓善、何谓恶。它们看似不请自来，实则由我们亲自创造。情绪之中蕴藏着人类最古老、最基本的大脑结构的智慧和演化过程。和体型、健康状况等因素一样，情绪状态也影响着我们感知世界的方式。事实的确如此，那些觉得自己早晨起不来床的人都深有体会。

"做"还是"不做"

尤利乌斯·恺撒和奥古斯都从战场凯旋后，被罗马元老院授予

"英白多拉"（imperātor，又译"统帅"）的头衔，意思是"发号施令的人"（the person giving orders），这个词与"皇帝"一词有着深刻渊源。所以，语法中的祈使语气（imperative mood）指"表达影响他人行为的意愿"。[131] 人们在育儿（"系好鞋带！"）、做广告（"想做就做！"）以及编写说明书（"关掉引擎！"）的过程中大量应用了这种语气，它常用来表达告知、敦促、劝诫和命令，借助短小精悍的句式结构发挥作用。我们的感受也以类似的方式影响着我们：在许多情况下，感受引导我们的行动；而在另一些情况下，感受为我们下达行动指令。

在所有感受中，居于"统帅"地位的是疼痛感。它的职责是保护身体不被伤害。把手从炉子上拿开，马上！澳大利亚国立大学哲学家科林·克莱因在他的著作《身体的指令：疼痛的命令理论》中对受伤的脚踝进行了这样的描述："它很疼，那种疼痛使我无法行走。我不知道它为什么会疼。也许那里有什么东西被撕裂了，也许它只是很脆弱，需要特殊护理。我不知道，但这也无关紧要。不管是什么原因，我都不应该再用它走路。如果我能做到这一点，任何问题都会自行解决。如果我真的继续用受伤的脚踝走路，只会让情况变得更糟，也许会造成永久性的问题。我的身体会说服我如非必要就不要走动，而不是让我自己决定。然后我就会痊愈，这就是疼痛感的作用。"[132]

作为"统帅"，疼痛感是所有感受中最亟待解决的一种。尽快止痛！先天性痛觉缺失症（CIP）是一种罕见的疾病，它说明了疼痛感对人类生活的重要性。"痛觉缺失"指的是"疼痛命令"的丧失，而不是失去触觉。患有CIP的孩子必须被悉心照料，否则他们就会在无意中伤到自己。[133]这些孩子会将手一直放在热烘烘的炉子上，直到烧伤自己。他们会感觉到热，却不会接收到有关疼痛感的本能指令："马上把手拿开！"这些孩子大部分都有严重的骨科问题，因为他们不会通过改变身体姿势来减轻关节的压力。正常人在站立、坐下或者躺着的时候，总会不断地改变姿势，比如来回摇晃我们的身体，将双腿交叉再分开，或者在床上翻来翻去。这些运动可以分散关节所承受的压力，从而避免关节的损伤。我们之所以这样做，是因为当前的姿势令我们略感不适，因此想要做出调整。保持一个姿势是一种折磨。患有CIP的孩子不会变换他们的姿势，因为他们不会感到不舒服，所以他们的关节会受到磨损。

心理学家倾向于将疼痛体验分为两个相互关联的过程，分别是"疼痛感觉"和"疼痛情感"。疼痛感觉是关于组织损伤的信息，由疼痛感受器收集和传递，经由脊髓传递到大脑。[134]疼痛情感则包括与疼痛感觉有关的不好的、不愉快的感受，以及由即将发生的组织损伤所引发的情绪。疼痛情感是指令性行动的触发器，因为这些情感经验表明，某件事是令人厌恶、痛苦且需要避免的。因此，疼痛情感为我们逃避或减少导致任何不快的刺激提供了驱动力。但重要的是，你可以在没有疼痛感觉的情况下拥有疼痛情感，即只有疼痛的感受而没有组织损伤，比如骨折或者"心痛"。[135]

社会疼痛

与可以下载到智能手机或电脑上的应用程序不同，进化必须通过修改和构建生物体现有的解剖结构来创造新的功能。例如，为了实现新的用途，哺乳动物的耳朵在进化的过程中选择了小型爬行动物的颌骨。人类的中耳内有三块"听小骨"，其中有两块是从我们的祖先——爬行动物的颌骨进化而来的。同样地，由不断发展的社会归属需求所带来的选择压力，使我们在进化的过程中选择了所有情感的"统帅"来告诫我们该如何"融入"社会。无法融入——被拒绝或者不被爱——就像胸口挨了一记重拳般令人痛苦。

"社会疼痛"的概念可以追溯到爱沙尼亚裔美国心理学家雅克·潘克塞普，他创造了"情感神经科学"这个术语。潘克塞普的家人在苏联特别军事行动期间逃离了爱沙尼亚，因此和许多杰出的心理学家一样，他被吸引到这个领域是为了了解战争。20世纪70年代后期，他开始进行有关情绪研究的非人类动物实验。他和他的同事给一些与自己的母亲和兄弟姐妹分离的小狗注射吗啡，并在此实验的基础上完成了一篇具有里程碑意义的学术论文。阿片样物质能使哭泣以及坐立不安等身体痛苦信号大幅减少。据此，他和他的合作者提出了一种假设，即负责分离痛苦的神经回路是由最初用于感知疼痛的神经回路进化而来的。[136] 他们推断，被排斥的痛苦与身体的疼痛源自相同的大脑机制，因此，能缓解其中一种疼痛的方法也会对另一种疼痛的缓解奏效。虽然在当时存在争议，但"社会疼痛"理论在社会科学和脑科学领域已经被广泛接受。

在进行有关"社会疼痛"的人脑成像研究时，研究者有效地利用了一款名为"赛博橄榄球"的视频游戏。这款带有恶作剧性质的游戏玩起来十分简单：被试者可以看到两个代表其他玩家的卡通角色，他们可以互相传球，也可以将球传给代表被试者的卡通角色。（其他卡通角色并不是由真实玩家控制的，整个过程都是事先策划好的,而设置"其他玩家"是为了掩盖实验的真实目的。)在相关实验中,研究人员设置了"内隐排斥"和"外显排斥"两种情境。"内隐排斥"出现在第一次脑成像扫描期间,被试者被告知自己所在的扫描设备因技术问题而无法连接到其他玩家的扫描设备,因此,被试者只能看到其他玩家互相传球,无法听到他们之间的语音互动。在第二次脑扫描期间,被试者在"接纳条件"下也可以加入传球中来。在"外显排斥"情境中,也就是第三次脑扫描期间,在被试者接到了7次传球之后,其他两位玩家在剩余时间里将所有的球(整整50次)都传给了对方。[137]被试者的大脑在实验过程中被全程扫描,此外他们还填写了一份自陈问卷。研究结果与早期对犬类的研究一致。研究者发现,相比于在接纳条件下进行的脑部扫描,与身体疼痛相关的大脑区域在内隐和外显排斥情境下(被试者自述遭到了排斥和忽视)更加活跃。此前记录疼痛之苦的大脑区域同样记录着社会排斥的困扰——当母亲听到婴儿的哭声时,同样的区域也会被激活。与之高度相似的是,当被试者从社会排斥的压力中恢复过来时,与调节身体疼痛感相关的大脑区域也会活跃起来。

排斥为何会引发"疼痛"?经历社会疼痛具有哪些适应性价值?正如我们将在本书后1/3部分详细探讨的那样,人类是高度社会化的动物。对人类和其他猿类来说,社会融合是生存的关键。在灵长类动物学中有充分的证据可以证明这一点。例如,即使狒狒母亲在社群中的地位等级已经确立,由社会关系较好的雌狒狒所生的幼狒活过周岁生日的概率也会更高。[138] 因此,社会疼痛有其存在的必要。就像对寒冷的厌恶促使人们必须穿上外套一样,对社会孤立的厌恶推动了亲社会行为的发生,从而将个体(无论是狒狒还是人类)带入群体的行列。社会疼痛促使人们避免那些会威胁到自身社会接纳感的情况，正因如此，大多数人一旦意识到自己言行失当，就会立即停止，从而使自己继续处于被接纳的状态。当群体或家族被视为一个整体时，社会疼痛就成为建立和约束行为规范的一种方式。这也是纵观整个人类历史，"排斥"始终是一种惩戒性手段的原因，无论是被囚禁在监狱的高墙之内，还是被流放到城外。

感受与归因

1981年春天，杰里·克罗尔及其合作者从伊利诺伊大学厄巴纳-香槟分校的学生名录中选择了93个人，在4月或5月的某个晴朗或下雨的工作日拨打了他们的电话。[139] 采访者会介绍自己来自芝加哥某大学心理学系，以提示受访者电话是从外地打来的。随后，采访者会从三种条件中选择一种来继续谈话。第一种是"间接启动条件"，采访者会以"对了，你那边天气怎么样"这样一个看似无关紧要的问题开场，然后再将谈话引回正轨："好啦，让我们回到研究上来。我们关注的是人的情绪。为了获取有代表性的样本，我们随机拨打了一些电话。请问您能回答4个简单的问题吗？"[140] 谈话也可能在"直接启动条件"下展开，采访者会打个招呼，提到电话是从芝加哥打过去的，然后直截了当地表示研究人员对天气如何影响人的情绪这一问题很感兴趣。此外，还有一种"无启动条件"，采访者会避免任何有关天气的询问。然后，在一些简短的介绍之后，采访者请所有受访者回答一系列（共4个）问题：让学生按1~10分来评价他们对自己生活的整体幸福感、想对自己的生活进行改变的程度、对生活的总体满意度，以及他们在特定时刻的快乐程度。

研究数据表明，受访者在晴天比在雨天更容易感受到"短暂的快乐"。这并不令人感到意外。相应地，受访者短暂快乐的程度越高，对生活的整体满意度就越高，他们想对自己生活做出的改变就越少。如果一件事当下进展得不错，那么你可能会认为事情总体上是顺利的，这一点也很容易理解。幸福和阳光之间的联系在那些从未考虑过天气情况的受访者中表现得最为明显。而对那些被直接或间接问及天气的受访者来说，无论当时是雨天还是晴天，天气都没有对情绪产生影响。换言之，如果你被问及当前的天气状况，那么它就不会影响你的心情；如果你没有被问及天气，那么晴天将带给你阳光般的心情，而雨天则会让你感到惆怅。根据克罗尔的研究，如果我们不知道某种感受究竟来源于何处，那么我们就会将当前的情感状态归因于自身因素。

一些令人极为衰弱的感受与抑郁症有关。抑郁症是一种整体性的倦怠或快感缺失——即使参与了本应令人愉快的活动中去，抑郁症患者也无法感受到快乐。世界卫生组织表示，抑郁症是全球头号致残因素，其患者数量高达 3.22 亿，与美国人口总数大致相当。[141]

在治疗抑郁症的众多方法中，"具体化疗法"是一种具有创新性的治疗手段，它旨在帮助人们将消极情绪归因于环境而非自身。在治疗过程中，咨询师和受助者共同努力，想揭示抑郁症与什么有关，它的诱因或者根源是什么。用克罗尔的话说，这种治疗方法的目标是帮助受助者从"分散的情绪状态过渡到某种特定的情绪中来"。[142]受助者可以直面问题本身，也就是采取问题指向的应对方式，而不是回避感受，即采取文献中所说的情绪指向的应对策略。这个想法是为了让人们从外部事物中寻找消极情绪的成因——比如克罗尔研究中的天气，或一段失败的恋情——而不是将所有沮丧情绪都归因于个体内部因素。

"反刍思维"是与抑郁症相关的认知习惯之一，这是一种对焦虑对象进行反复考虑的思维倾向，在这种认知状态下，个体会对消极情绪的原因及其意义进行反复思考。[143] 多个纵向研究表明，个体的反刍思维倾向决定了罹患抑郁症的可能性及症状的严重程度。[144, 145] 反刍思维会引起"泛化"，这是抑郁症的另一个关键诱因。所谓"泛化"指的是把单个事件肆意放大为普遍原则的现象。比如，因为在一次代数测验中表现不佳而自认不擅长数学，或者因为和青春期的女儿发生冲突而觉得自己是一个糟糕的家长。需要再次强调的是，大脑中负责情绪处理的区域能让我们处于积极或消极的情绪之中，却无法判断出这些情绪产生的原因——到底是天气所致，还是由于你自己。

英国埃克塞特大学的临床心理学家埃德·沃特金斯在实验室和临床人群中对具体化干预手段进行测试。在一项实验中，为了激发被试者的抽象思维，实验者要求被试者对虚构的社会情境进行想象，比如和密友之间的一次争吵或者一次成功的工作面试。[146] 随后，被试者被要求以两种方式中的一种对事件进行分析：思考事件为什么会以这种方式展开，并弄清楚它的意义、原因以及可能的影响，等等；专注于事件本身的运行机制，即它是如何发生的，并设想事件展开过程中的具体交流场景。第一种启动方式激发了与反刍相关的抽象思维，而第二种启动方式则激发了对事件发生机制及事件内容的具体观察。与此同时，沃特金斯一直在临床环境中实施与实验研究相一致的具体化疗法。他发现，这种方法能够帮助抑郁症患者对自身状态做出更加具体的描述，且有助于减轻自我批评和反刍思维的程度，并降低抑郁症的复发风险。尽管还需要进行更多的临床和实验研究，且没有普遍适用的康复方案，但他的研究表明，归因方式本身即可作为一种促进心理-情绪健康的手段。在与德雷克进行交谈时，沃特金斯指出，在他的临床实践中，很多委托人是家长。他会指导他们进行更有针对性的思考，比如，他们与孩子之间的冲突会以什么样的方式发生，以及会发生些什么。和青春期的子女发生争执，很容易使家长陷入消极的、自我攻击式的反刍性思考：作为一名家长，我为什么如此糟糕？为什么我们总是吵架？我们家出了什么问题？但如果你试着在脑海中回忆事情的来龙去脉，并站在各自的角度重新审视双方的态度，思考当天发生过的每件事——你是否睡眠不足、营养不良或者压力过大，你让他们做作业，他们不理你，于是你很生气——在逐帧回放的过程中，你或许会发现其他可行的做法，比如采取更温和的方式进行交谈。"这种归因方式是以情境因素为基础的。"沃特金斯指出，"如果我能稍微改变一下自己的行为，事情就不会闹到这个地步。这将使人远离'我是一个坏妈妈'的感觉，转而到事件发生的特定情境中寻找原因。"

情绪提供的"禁止"或"允许"信号告诉我们，如果感觉良好，我们就应该将正在做的事情继续下去，如果感觉不好，我们就应该停下来。不过，情绪并没有告诉我们停下来之后该做些什么。这是抑郁症带来的一个困境，其结果往往是退缩反应和冻结反应。情绪让你将正在做的事情暂停下来，却又没有提供任何可行之事，这会令你感到无所适从。沃特金斯及其他临床医生的工作表明，抑郁症患者倾向于将坏事发生的原因归结为个人品质和特征。因此，作为对其他治疗手段的补充，归因训练可以帮助抑郁症患者克服这种普遍存在的思维方式，从而转向对具体情况的审视。

归因的模糊性不仅关系到心理健康，也关乎道德。在克罗尔的另一项研究中，被试者被带到一间特别设置的、令人感到恶心的实验测试室，并被要求坐在桌子旁边。实验人员告诉被试者，由于场地限制，这是唯一可用的测试室。[147]桌子上到处都是从腐烂的食物中渗出的黏液，旁边还有一个被旧比萨饼盒填满的垃圾桶。最糟糕的是，在实验组织者为房间的状况道歉后，他们将一支满是咬痕的铅笔递给了被试者，让他们用这支铅笔完成一份包含许多道德难题的问卷。对照组被试者也被带入同一个房间，但在此之前，房间里的垃圾都被清理干净了。"电车难题"（Trolley Problem）是问卷中出现的诸多道德难题之一，这是伦理学领域一项经典的思想实验，它是由英国哲学家菲利帕·富特于1967年提出的。[148]很多大学生都很熟悉这一实验，其内容大致如下：想象一下，你站在街上，看到一辆失控的电车沿着轨道疾驰而下，前方有5名工人正在辛勤工作，他们没有意识到失控的电车会危及他们的生命安全。但是你注意到，按下一个岔路开关可以让电车驶向另一条轨道，而这条轨道上只有一名工人在埋头工作。实验人员要求被试者回答这样一个问题："你认为是否应该按下开关，让电车驶向只有一名工人的轨道，从而拯救另外5个人？"这是一个艰难的决定。总体来说，大多数人认为他们会按下开关，让电车撞上那个不幸的工人，让其他5个人活下来。

克罗尔及其同事还要求被试者进行一项标准性格测试，以此来评估被试者对自己身体状态的关注程度。他们发现，与那些坐在干净的房间里或不太关注内感受的人相比，那些惯于关注自己身体的人，以及那些被推入令人作呕的房间里的人，更容易将拉下轨道开关这种可疑的道德行为判断为不道德的做法。对那些身体意识更强的人来说，对空间的强烈反感加重了他们对道德困境的厌恶。

情绪决定了你看待人以及事物的大小和范围

1675 年，受过训练的佛兰德牧师兼传教士路易·亨尼平，遵照路易十四的意愿和命令，前往新法兰西（即现在的加拿大）的内陆地区进行勘察。他先在法国殖民地附近的教堂里服务了几年，然后开始了对内陆地区的探索。他也因此成为首位对尼亚加拉大瀑布进行记录的欧洲人。当这位传教士从瀑布上方俯瞰水面时，他估计瀑布的高度为 600 英尺，但实际高度只有 167 英尺。他在日记中记录了对这一景象的惊恐之情："它两侧的边缘异常陡峭，凝视水面会使人颤抖。"[149]

大约 334 年后，丹尼的研究生珍妮·K. 斯特凡努奇（现在是犹他大学的一名教员）对这位四处游历的传教士的感受做了进一步的研究。"心中唤起的对高度的恐惧是否影响了他对瀑布高度的估计？"她在一篇论文中提出了这样的问题。通过 4 个实验，她和一位合作者发现，当被试者处于高度情绪唤起状态时（比如，感到兴奋或者恐惧的时候），他们对高度的判断会大于实际高度，这与牧师在殖民地时代早期自述的情形类似。[150] 当被试者站在阳台顶部向下看时，如果他们刚看过一组充满情感的图片，那么他们下面的两层楼似乎比刚看过中性图片时距离他们更远。但是，如果他们能够借助深呼吸等方式下调自己的情绪唤起水平，这种高估效应就会减弱。情绪唤起影响了我们的视觉、思维以及感受方式。纽约大学心理学家伊丽莎白·菲尔普斯指出，当人们受到惊吓时，他们的视觉对明暗反差更加敏感——这意味着你的视觉敏锐度提高了，你可以更好地分辨出深浅不同的灰色之间的细微差别。[151] 这表明，恐惧可以让你更容易发现周围的威胁。

在涉及阳台以及陡峭山坡的实验中，研究人员一次次地发现，处于"险境"顶部的人对距离的估计要高于处于底部的人。我们可以用一些直观的方式对此做出解释：从山上"滚下来"可能会让你丧命，而"爬上去"则不会。在一项相关实验中，珍妮、杰里·克罗尔、丹尼以及弗吉尼亚大学的本科生纳西什·帕尔克，借助放置在陡峭山丘顶部的一个木箱和一块滑板，进一步研究了恐惧与知觉之间的联系。被试者（他们都没有滑板经验）站在箱子或滑板上，完成了与先前的倾斜度知觉实验相同的一组估测任务：口头估计、视觉形状匹配以及倾斜板与斜面的匹配。与先前的研究类似，被试者在倾斜板匹配任务中对山坡倾斜度的估计较为准确，相比之下，口头估计和视觉匹配的结果都远超实际。在完成对倾斜度的估计后，被试者按 6 分制对自己的下山恐惧程度进行了打分。在站到滑板上的被试者中，对下山的恐惧程度较高的人比不那么害怕下山的人更容易高估山坡的陡峭程度。[152] 这些发现支持了来自临床心理学家的个案研究报告：在一个令人震惊的案例中，一位恐高症（对高度的极端恐惧）患者报告称，"当他开车驶向桥梁时，它们似乎以危险的角度发生了倾斜"。[153]

第 5 章 感受：情绪如何引起偏见？

经过一番努力，克罗尔最终说服了丹尼，使他相信情绪可能会影响对坡道倾斜度的感知，促使他开拓了视觉研究这一分支。在一项实验中，他们与丹尼的研究生、现为兰道夫–麦肯学院教员的锡达·瑞纳进行了合作。他们让被试者一边注视着山丘，一边听或快乐（莫扎特《G大调第十三号小夜曲》）或悲伤（马勒《第五交响曲》小柔板）的音乐。[154] 果然，相比听到莫扎特欢快乐曲的被试者，那些被马勒忧郁的乐曲牵动心弦的被试者眼中，山丘变得更加陡峭。而值得注意的是，他们对山丘的高估程度类似于早期实验中那些被要求背上装满重物的背包的被试者。（克罗尔后来在一篇论文中打趣说，人们经历的"悲伤是一种负担"。[155]）其背后的深层逻辑是：悲伤是与你上山的可用资源相关的信息。如果你感到沮丧，那么爬山会比你感觉健康和精力充沛时更有挑战性。

在这一领域中，最令人毛骨悚然的或许就是对蜘蛛所做的研究，以及人们对蜘蛛的感知。与对恐高症的研究结果类似，在蜘蛛恐惧程度自测中得分较高的人往往会认为这种8条腿的生物比实际体型更大。[156, 157] 当被试者对房间另一端活的狼蛛与自己之间的距离进行估计时，对蜘蛛的恐惧程度越高，对距离的估计就会越近。丹尼的弟子兼合作者杰西·维特发现，由我们害怕的事物所带来的威胁与我们应对威胁的能力之间存在着某种有趣的关联。她让被试者坐在一张桌子旁操作一个类似视频游戏的项目，其中会出现蜘蛛或瓢虫之类的物体，四处乱窜并向他们移动。被试者手中持有长短不一的桨，可以用来保护自己。结果是：蜘蛛的移动速度看起来比瓢虫更快。在那些只能用一支小桨自卫的被试者眼中，情况尤其如此。知觉反映了你与周围事物的关系，所以在我们自己的知觉世界中，事物的大小会因你对它的恐惧而显得更加突出。[158]关键在于,我们害怕的不仅是悬崖和蜘蛛,还有彼此。

一些狼蛛研究者在进行知觉实验时并没有使用蛛形纲动物,而是雇用了一位男演员。[159]实验人员要求被试者观看由这名男子出演的不同视频。在"威胁条件"下,这个男人说他最大的爱好就是打猎,最享受的就是持枪的感觉。他觉得自己的好斗情绪在城市中难以释放,压抑得快要爆发了。在"厌恶条件"下,这位年轻人又讲述了自己在一家快餐店做暑期工的经历,他做了很多令人反感的事情,比如向顾客的食物中吐口水,或者在他们的软饮料中小便。在"中性条件"下,这个人只是以平稳的语气讲述了他下学期要修的课程。然后,被试者被带到这名男演员所在的房间,在那里,实验者测量了被试者的心率,并让他们回答了该演员令他们感到害怕或厌恶程度的调研问题。最后,他们还对自己与这个人之间的距离进行了估计(实际距离为132英寸,也就是11英尺)。平均来看,如果被试者观看的是带有威胁性的视频,那么与那些观看了令人厌恶或中性视频的人相比,演员与被试者之间的距离似乎更近——分别为55英寸、78英寸和74英寸。

回到进化论的视角,知觉的作用并不是表征一个客观准确的世界,而是以一种促进生存的形式提供信息。克罗尔的研究表明,情绪的职责是允许或禁止我们接近或避开某物、某人以及某种情境,并对知觉进行相应的塑造。遗憾的是,我们的消极偏见会影响我们对蒙受污名者的看法,从而带来难以想象的结果。斯坦福大学社会心理学家珍妮弗·埃伯哈特对此进行研究,并因此获得了麦克阿瑟奖。[160]在一项实验中,她向白人男大学生被试者提供了两段视频,一段视频连续、快速地展示了一组非裔美国男性的面孔，另一个视频则展示了一组多种族男性的面孔。被试者按要求观看了其中一段视频。然后，实验者把一个模糊的物体放在一个看起来像电视雪花屏的背景上。稍作停留后，那个物体慢慢地变得清晰起来。这个物体要么与犯罪有关（比如一把枪或一把刀），要么与犯罪无关（比如一个订书机）。刚看过一组黑人面孔的被试者对具有威胁性物体的识别速度要快过对中性物体的识别速度。她在一次采访中说："这似乎是因为黑人与犯罪之间有着某种紧密的联系，所以你已经做好从环境中分辨出与犯罪相关的物体的准备；如果你看到的是一张白人面孔，你就不会这样做。"[161, 162] 在另一个实验中，埃伯哈特和她的同事要求斯坦福大学的本科生对一组照片中"黑人"脸孔的典型程度进行评分。[163] 这组照片上的所有人都被判处过死刑，并且都符合死刑的条件，而被试者对此并不知情。然后，她和她的同事将斯坦福大学学生给出的典型程度判断结果与法律部门所做判决的严重程度进行比较。她发现，那些被认为有着最典型黑人面孔的人被判处死刑的可能性是其他人的两倍。你看上去越像"黑人"，刑罚就越重。在芝加哥大学的乔舒亚·科雷尔及其同事进行的另一项实验中，被试者被要求识别出视频游戏中持有威胁性或中性物体（枪或者钱包）的人物图片。按照实验人员的要求，如果人物手里拿的是枪，被试者要按下"射击"键；如果人物手里拿的不是枪，则要按下另一个代表"不射击"的键。研究发现，当被试者看到黑人持枪的图片时，他们做出"射击"反应的速度比看到白人持枪时更快；相比于没有持枪的白人，他们也更容易向拿着中性物体的黑人错误地按下"射击"键。[164] 重要的是，在最后这项实验中，研究人员发现可以通过让被试者阅读关于黑人与暴力犯罪的新闻文章来操纵黑人与"危险"之间的刻板联系,结果显示,阅读文章加深了被试者在是否开枪问题上对黑人的偏见。所以,我们必须再次指出,你看到的并不是由客观的人和物所组成的世界,而是你作为个体所能看到的世界,以及你一生中积累的所有关联情绪。正如我们将在本书的后两部分中探索的那样,我们的大部分经验都来源于社会化的世界。

第 6 章

语言：体验式阅读带来的意外效果

手、嘴以及模仿行为

大多数关于语言进化的理论都认为，手部动作是人类语言进化的基础。[165] 交流手势被认为是先于或同步于口头语言而出现的，其依据是口头语言和交流手势基于相同的大脑系统，而这些系统首先是为了控制伸手取物和抓握动作进化出来的。这种联系已经被功能神经解剖学所证明：对大多数人来说，语言和熟练的手势动作都与大脑的左半球相关。① 事实上，神经学常识告诉我们，大脑左半球的病变通常会同时导致"失语症"（aphasia，语言功能或听觉受损）和"失用症"（apraxia，难以完成熟悉的精细动作，如系鞋带或扣扣子）。[166] 布罗卡区（与语言产生相关的大脑区域）的活动似乎也与伸

---

① 对几乎所有惯用右手者来说，情况的确如此，对左利手则不然。左手始终是由大脑的右半球控制的。然而，大多数左利手的左脑负责处理语言。

手取物、抓握以及对他人手部动作的观察有关。

灵长类动物的共同祖先出现在大约 6 500 万年前。这种原始灵长类动物看起来很像松鼠，可能也像今天的松鼠一样在树上跳跃穿梭。现在，如果你是一只松鼠，想把一颗坚果带回家，那么你会把它放进嘴里。和其他四足动物一样，在你移动的过程中，嘴是你用来携带和搬运物体的唯一工具。当然，人类可以用双手来搬运行李，但是这两种搬运方式——用嘴和用手——在进化的过程中始终是相互关联的。这种关联在我们的言语中同样显而易见。

当你的两只手都被行李占满，而又需要再拿一些东西时，你该怎么做？如果可以的话，你会用嘴来"拿"它。如果要拿的东西很大——比如松鼠要拿一枚橡子，或者你要拿一个苹果——那么嘴巴就需要张得很大；而如果要拿的东西比较小，比如一支铅笔，则可以闭合嘴部，用牙齿或嘴唇夹住这个物体。类似的姿势也适用于我们双手的抓握动作：拿苹果时要张开手掌，用手指把苹果挤压在掌心，这种方式被称为"力性抓握"；拿铅笔时则要用食指和拇指将其夹住，这种闭合姿势叫作"精细抓握"。这个例子证明了"口手并行"现象的存在。要拿的物体较大，就张开嘴或双手，物体较小就采取闭合的姿势。

由拉里·瓦伊尼奥及其同事组成的一个芬兰研究团队进行了一项巧妙的研究，以评估我们描述物体大小时的发音方式是否体现了"口手并行"的现象。[167]他们的实验方案遵循着这样一个简单的逻辑：如果同一神经系统无法对两种行为进行同步处理，那么在执行其中一种行为的同时执行另一种行为，将导致二者相互干扰。"边走边说"很容易，这表明走路和说话在很大程度上并不依赖同一片大脑区域。

但是"边说边听"却很难，因为语言与听觉的确受控于许多共同的大脑区域。试一试，从 181 开始默默倒数，每次递减 3 个数，同时默念字母表；或者试着一边用手机看文章，一边和朋友聊天。这两种情况都是不可能实现的。无论前者还是后者，执行其中任何一项任务都需要调用大脑语言区域的全部资源。

在瓦伊尼奥的研究中，被试者的手中拿着一部有两个开关的装置，其中一个开关可以通过闭合式的"精细抓握"来激活，而另一个则需要以张开式的"力性抓握"来激活。为了形象地理解这个装置，你可以假设自己正手握锤柄，锤柄上固定着两个都很容易接合的开关，其中一个可以用挤压手柄的方式来激活，这就相当于张开式的"力性抓握"；另一个较小的开关位于锤柄末端，可以通过把拇指与食指捏在一起的方式来按压激活，相当于闭合式的"精细抓握"。被试者要关注屏幕上出现的刺激物是蓝色的还是绿色的。如果刺激物是蓝色的，他们就要按下以精细抓握方式激活的开关；如果刺激物是绿色的，就按下以力性抓握方式激活的开关。在这两种情况下，他们都要尽快做出反应。就这么简单。实验者收集了被试者的反应时间，并大概平均分配了对应于不同抓握类型的刺激物颜色。在做出抓握反应的同时，他们还要发出由单辅音与单元音组成的简单音节，这些音节与刺激物同时出现在屏幕上。你可以用下面的示例音节自己尝试一下：

- ti
- pu

第 6 章 语言：体验式阅读带来的意外效果

注意，在这两种情况下，你的嘴都处于一种闭合的姿势，这是一种你可以把铅笔衔在嘴里的姿势。现在试着说出这两个音节：

- ka
- ma

现在注意你的嘴是如何张开的，这个姿势正适合含住一个小球或者苹果。因此，回顾该实验设计，在反应时测试中，实验人员要求被试者在受到刺激后以"闭合–捏压"或"张开–挤压"的方式尽快做出响应，与此同时以闭口（ti）或开口（ka）的姿势快速发出一个音节。你可能已经猜到结果了。如果抓握的姿势与口型同步（都是闭合或者张开的），相比于不同步的情形（闭合式抓握和张开的口型，反之亦然），被试者对反应时任务做出响应的速度会更快。很明显，控制双手和开口说话这两种截然不同的行为都依赖于共同的神经系统。当手口同步时，它们之间的相互干扰比不同步时要少。我们的手和嘴巴更容易做出相似而非相异的动作，这证明了我们的手、嘴，甚至语言的进化都是相互关联的。在很多情况下，单词的发音方式也反映了物体的抓握方式。

根据上述说法，含有"小"这一语义特征的形容词"little""tiny""petite"以合口方式发音，这并不是巧合；而含有"大"这一语义特征的形容词"large""huge""humongous"以开口方式发音亦不是偶然。加州大学伯克利分校语言学家约翰·奥哈拉在多种语言中都发现了这种趋势：在英语中，表示"小"且以合口方式发音的词有"teeny""wee"，表示"大"且以开口方式发音的词有

"humungous"。类似的对比还有西班牙语中的"chico"和"gordo"、法语中的"petit"和"grand"、希腊语中的"mikros"和"makros",以及日语中的"chiisai"和"ookii"。[168]

因此我们看到,双手的抓握运动起源于嘴巴,又回到了嘴巴,影响了我们的言语表达。无论张开式的抓握还是闭合式的抓握,我们的持物方式已经延续了数百万年,可以追溯到用四足行走、用嘴衔物的原始灵长类祖先。6 500万年前,想要带走一颗"巨大"的橡子,就要张开嘴巴。而到了今天,想要描述它的大小,同样需要张开嘴巴。

这一具有争议性的观点与长期以来的传统看法相悖。传统看法认为,一个词的语音形式和它所代表的意义之间的结合是任意的、不可论证的,即词的"能指"(signifier,词的音响形象)与其"所指"(signified,该词所反映的事物或概念)之间没有任何自然的联系。这个与符号及其所指事物有关的"语言符号任意性假说"可以追溯到一个多世纪前的费尔迪南·德·索绪尔,以及由他所开创的"结构主义语言学"。在现代语言学中,"声音象征主义",或者叫"音义象似性",表达了与结构主义截然不同的看法,认为词的语音形式及其所表达的意思之间具有相似之处。通常,这些类象符号隐藏在显而易见的地方,比如鼻音"sn-"经常出现在与鼻子有关的单词开头,如"sniff"(嗅)、"snore"(打鼾)以及"snob"(鼻孔朝天、自命不凡的人)",等等。[169]再比如"联觉音组",特定的语音组合往往与特定的事物、感觉或概念相匹配,比如"glimmer"(闪光)、"glitter"(闪烁)、"glisten"(闪光)、"glow"(微光)以及"gloom"(昏暗)的词头"gl-"。[170]这样的例子不胜枚举。

我们的祖先进化成为双足行走的动物，为我们进化出灵巧的双手提供了可能。双足行走使我们得以将原本衔在嘴里的东西握在手里，嘴的搬运功能也因此转移到了手上。在婴幼儿早期发展的过程中，他们首先用嘴来探索世界，然后是用手。通过探索，他们发现了在所处世界中用嘴和手进行操纵的许多功能可供性。对婴儿来说，嘴和手是发现世界属性的互补手段。随着语言的出现和发展，嘴和手还将继续合作。我们不仅用嘴说话，也会用到我们的手。

用手说话

"手势"非常重要。它不同于"手语"。在手语表达的过程中，每只手的姿势和动作本身就是一个词。手语交流就像串珠一般，将这些词按照一定的顺序组合起来。手势是完全不同的东西。芝加哥大学心理学家苏珊·戈尔丁-梅多认为，手势是人类语言体验、语言表达以及语言理解的重要组成部分。

20世纪90年代后期，戈尔丁-梅多和她的同事开始研究人们为什么会做手势。他们的研究建立在两个假设的基础之上：第一，人们做手势可能是因为他们看到其他人这样做；第二，人们做手势可能是为了帮助对方理解他们想说的话。当然，也可能是出于上述两点以外的其他因素。为了回答这个问题，他们在芝加哥大学展开了一项研究，并为此招募了一些先天失明的儿童。[171]

这些盲人被试者的年龄在9—18岁，并且没有其他身体或认知方面的问题。实验人员摄录了他们和一组视力正常的同龄人（根据人口统计学背景进行匹配）对一系列提示信息所做出的响应。在早期进行的一项研究中，戈尔丁-梅多及其同事发现这些提示信息可以促使视力正常儿童做出相应的手势。该研究评估的是，孩子是否理解当液体从一个杯子倒入另一个杯子时，其总量保持不变。（年幼的孩子往往会弄错，因为他们会被不同形状的玻璃杯中液体的不同外观所误导。）研究中，实验人员让孩子解释自己的答案，他们说："如果你把水倒回第一个杯子，那么它就会和原来一样"。[172] 在他们这样说的时候，他们经常会做出把水从一个杯子倒入另一个杯子的手势。在此基础上，研究者也向失明儿童和视力正常的儿童提出了上述问题，并在他们回答时录像。随后，编码人员会检查这些录像带，以评估两组孩子的手势。

两组孩子在讲话时都做了手势，而且失明儿童做手势的频率与视力正常的对照组同龄人大致相同。此外，当孩子谈论相似的事物时，他们做出的动作也是相似的。比如，当谈论到将液体从一个容器倒入另一个容器时，两组被试者都做出了一个c形手势，并将手举起，做拿杯子状，然后把"杯子"倾斜，仿佛正在把水从一个杯子倒入另一个杯子。这表明人们不需要去看别人，也会做出手势。手势不一定是通过观察而习得的，所以第一个假设不成立。

接下来，在后续的实验中，另一组失明儿童被要求完成同样的任务，并向一名实验人员解释发生了什么——他们被告知这名实验人员也是失明人士。在这个实验中，盲童与"盲人"实验员交谈时所做的手势，与他们和视力正常的实验员交谈时所做的手势相同。因此，手势的使用并不一定是为了让对方更容易理解，假设二也不成立。

"我们的研究结果强调了手势在谈话过程中的稳健性。"戈尔丁-

梅多总结道,"手势既不依赖于模型,也不依赖于观察者,因此它似乎是言语过程本身不可或缺的一部分。这些发现揭示了一种可能性,即伴随言语的手势可能反映甚至促进了言语背后的思维。"[173] 所以,如果你不是通过看到别人做手势来学习手势,而且手势并不一定是用来传达你想说的内容,那么手势从何而来?做手势有什么用?为什么我们在说话的时候会不由自主地做一些无关紧要的手势?戈尔丁-梅多花费几十年的时间来研究这些问题,并与我们分享了她的观点。"手势和言语行为并非是脱节的,它和你的言语密切相关。它是你认知的一部分,而不仅仅是无意识的挥手。"虽然确切的机制还没有被精确地解析出来,但她认为手势有助于降低说话者的"认知负荷"。我们用手势说话,因为它能帮助我们表达想说的话。

戈尔丁-梅多非常注意区分手势和其他形式的肢体运动。做手势不是系鞋带、打鸡蛋或扔球那样的实用性动作。它也不同于跳舞或者体育锻炼,这类有意为之的运动往往是为了实现更大的目标,比如自我表达、艺术表演或者变得健康。相反,她观察到,手势是"对物理世界没有直接影响的具象化行为,但可以通过它们的交流潜力间接地影响世界"。[174] 然而,言语伴随性手势也不同于相关问题研究者所说的"象征性手势",或那些公认的、具有特定的文化含义的不同手势,比如通过将拇指和食指形成一个圆圈来告诉朋友"没问题",或者向对立者竖起中指来表达鄙视。"如果我说'没问题',我不会用我的中指,"她说道,"但是如果我要描述一个向上升起的物体,我可以用我的整只手,也可以用我的拇指或任意一根手指,方法不止一种。"[175] 但如果使用象征性手势,就只有一种方式,在某种程度上，它像是一个词。在你发出'嘘'的声音时，只有一种可用的象征性手势。戴上水肺潜水时，你要在下潜之前借助这类手势和自己的同伴协商一致。"

言语遵循语言的句法规则，手势则是对它所代表的事物的模仿。[176]（所以，人们会在派对上玩看手势猜字谜的游戏。）在模仿的过程中，手势可以传达一些仅靠语言无法轻易传达的特定信息。想象一下你正在告诉某人如何抱一个新生儿，你很可能会用胳膊环绕着一个想象中的婴儿，并将他温柔而安全地贴在你的胸口。你的手势充满柔情，也凸显了呵护。这样的手势生动形象地演绎了人类以双手和手臂来拥抱婴儿这一原始的爱的行为，而这种直观性是言语表达所不具备的。[177]这些都表明，手势可以帮助我们去传达甚至是理解，那些基于身体的事物与行为，比如抱一个婴儿。

戈尔丁-梅多和她的同事设计了一些巧妙的实验，以了解手势如何以及在哪些方面帮助我们思考。这些实验从早期手势入手：在一项干预研究中，其研究团队的成员训练其中一组幼儿指向他们正在学习认识的物体，另一组幼儿则没有接受这样的训练。那些被告知要指向目标的幼儿在与其养育者交流时也更多地使用了手势，而且在8周的训练及两周的跟踪调查之后，他们的词汇量比对照组幼儿更多。[178]被要求在处理方程时做手势的小学生也能更好地将关于求解方程的经验应用于新的习题集。[179]

早期手势，尤其是指向性手势，为语言的发展铺平了道路。在儿童能够说话之前，在9~12个月的时候，他们会以指向物体的方式做手势。[180]这些手势与"指示"和"命名"有关，因此我们把用来"指示"的手指称为"index finger"（食指）[181]，就像指着杯子说

"杯子"[182]。实际上,指向性手势分为"指令式"和"陈述式",在1岁大的孩子身上,这两种手势都有所体现。你(或一个婴儿)因为想要某样东西(比如桌子对面诱人的纸杯蛋糕)而做出的指向性手势,就是"指令式指向"。"陈述式指向"更加复杂,你是向他人展示某物,而不是想要得到它。这些陈述式的指向性手势使婴儿与养育者之间建立起早期的"共同注意"——你在看那个红色的绒毛玩具,我也在看那个红色的绒毛玩具,我们都知道我们在一起看着那个红色的绒毛玩具。这种"共同注意"反过来促进了知识的交流:婴儿指着玩具,妈妈也同样注意着玩具,妈妈叫它"艾摩",婴儿开始将妈妈发出来的声音和这个特定的物品联系起来,并很快拓展到它这一类物品。以这种方式分享注意力是一种人类特有的合作模式——人类以外的类人猿也会采用指令式的指向性手势,但它们不会做出陈述性的指向性手势。

"食指"这一名称来源于拉丁语中的"indicō",意思是"指出"。但是当我们有所指向时,我们不仅会使用我们的手指,也会用到我们的眼睛。跟孩子理性交谈的时候,没必要总是指着一个又一个的东西。孩子会很自然地看向别人注视的目标。就指向行为而言,其他类人猿并不太注意眼睛凝视的方向,但是婴儿会注意。[183]此外,我们通过进化而拥有了他人仅从外观就能明显看出我们视线方向的眼睛。首先,我们有白色的巩膜,即眼睛的白色部分,被巩膜包围在中间的是有色的虹膜。(巩膜通常被称为"眼白"。)所有其他类人猿都是棕色的巩膜围绕着棕色的虹膜,因此辨别它们的视线方向非常困难。其次,我们的眼睑和眼周皮肤形成了一个水平方向的杏仁状,使得虹膜两侧都有大面积的巩膜显露出来。这种在水平方向上延伸的形状，使其他人可以很容易地看到我们是在向左看还是向右看。其他类人猿的眼睛看起来更圆，巩膜面积更小。进化使我们的手和眼睛成为交流的工具，因此，当我们与他人交谈时，我们会"手眼并用"来引导对方的注意力，并帮助他们建构出我们想要传达的意义。

分门别类也要"说"出来

正如指向性手势会吸引人去注意和了解目标对象一样，对于年幼的婴儿来说，听到声音也会吸引他们去了解当前正在发生的事情。许多实验都使用了下面这个设计方案来研究发声与学习分门别类之间的联系。首先，将同一类别（如食物、动物等）的不同图片依次展示给正在看显示屏的婴儿。这些图片可以都是动物类的，比如狗、马、大象，等等。经过这个熟悉阶段，在不同的显示屏上展示两张不同的图片，一张图片上展示新的动物，比如一只老虎，另一张图片则是不同类别的东西，比如一棵莴苣。然后，记录下婴儿的眼睛在每张新图片上停留的时间。如果婴儿的眼睛在新的动物（老虎）和非动物（莴苣）图片上停留的时间存在总体性的显著差异，那么据此就可以得出结论，即他们对于自己熟悉的类别（在本例中是"动物"）和不熟悉的类别的感知不同。（尽管还没有学过相关的词语，但他们已经认识到这个属于哪一类。）该实验设计意在让婴儿熟悉属于某个类别的图片，然后观察他们对新图片的反应，其中一张在他们熟悉的类别之内，另一张则不属于。（需要对图片进行预先测试或平衡设计，以确保得到这样的实验结果不是因为一张图片比另一张图片更有趣。)

艾丽莎·费里、苏珊·赫波斯和桑德拉·韦克斯曼对 3 个月大的婴儿进行了一项采用上述设计的研究（当时他们都在西北大学）。[184] 他们在实验的熟悉阶段使用了恐龙图片，将鱼作为非类别内的刺激物。他们发现婴儿并没有表现出对类别内或类别外图像的偏好。例如，他们喜欢看鱼，也喜欢看新的恐龙图片，看两张图片的时间几乎一样长，因此没有显示出类别学习的证据。但是如果在熟悉阶段，每张图片的呈现都伴随着人的说话声，那么婴儿在测试阶段看恐龙类图片的时间会比看非恐龙类图片（鱼）的时间要长。如果在熟悉图片的过程中同时出现了狐猴（一种小型灵长类动物）的尖叫声，那么婴儿也会习得这个类别，并表现出对恐龙的偏好。在熟悉图像的同时播放纯音序列或倒放的人类语音并不能唤起对类别的学习。唤起学习的关键刺激物是人类的语言或其他灵长类动物发出的声音。像手势一样，发声也是一种具身化的社会行为，它促进了婴儿对事物的关注、学习和分类。

在婴儿出生的第一年，他们会越来越多地听到人类的语言。到大约 6 个月大的时候，非人灵长类动物所发出的声音就不再具有唤起能力，婴儿只有在听到人类讲话时才会学习分类。到 12 个月大的时候，婴儿会使用与待学习类别一致的新词。因此，如果在熟悉图像阶段同时使用他们熟悉的词汇——比如"看'那个'"——那么 12 个月大的婴儿就不会形成类别认识。但是如果在展示每张图片的同时都有人说"看那个（　　）"，括号里是一个代表某一类别名称的新词，比如"fauna"（动物群），那么他们就能学会分类。

具身词源学和意义的基础问题

但是,词的含义究竟从何而来?答案远不是"词典"这么简单。"符号循环"理论——这一观点来自一项哲学思想实验——清晰地诠释了这一点。想象一下,你的飞机刚刚降落在一座外国城市,在机场时,你意识到周围的所有文字都来自你不懂的一门语言。你有一本用当地语言编写的词典,但上面没有你所掌握的任何语言的翻译。你可以用它查阅词语的解释,但你只会得到更多无法理解的符号。例如,假设机场在日本,你想知道日语单词(以表意方式拼写)"タクシー"的含义。你在日语字典里查了这个词:"タクシー:通常、走行距離によって決まる運賃で乗客を運ぶ自動車。"这对你没有任何帮助。(该词的英语解释是这样的:"出租车:一种载客的汽车,车费通常由行驶的距离决定。"[185])为了更有力地说明这一论点,试着想象一下,在你学习第一语言的时候——无论日语、意大利语还是英语——你只能通过一本词典来了解所有事物的含义。这种情形就像是一个旋转木马式的"循环",符号接着符号,词语指称词语,而从不指称世界上实际存在的东西。为了摆脱"循环",你需要把这些符号与你通过经验而了解到的事物联系起来。你需要将词语指向感觉到的事物。如果没有人先指出这些词语的含义,或者通过系统性的发音引导你去发现它们的含义,你会不知所措吗?[186]回到日本机场的例子,你需要去发现,タクシー指的是在机场出口等待的一种车,乘这种车并付费可以到达酒店。

学习具体事物的词义似乎很简单。指着一辆出租车就能理解"taxicab"的含义。但是像"时间"这样的抽象概念呢?加州大学伯克利分校的哲学家乔治·莱考夫认为，我们可以通过推断抽象概念与我们所熟悉的具体对象，以及事件之间的相似性来理解这些抽象概念。例如，我们对"距离"的概念有着丰富的经验，并假定抽象概念"时间"与"距离"相似。一旦形成了这种"隐喻"，我们就会用描述距离的词汇来谈论时间：时间越来越"短"了，政客的演讲"一直在继续"，讲这个故事花了很"长"时间，等等。再举一个例子，抽象概念"理论"通常被认为与"建筑物"相似：一个理论可以是"基础牢固的"或"根基不稳的"，"广义的"或"狭义的"，会"坍塌"或"站得住脚"。这类隐喻现象具有跨语言的共性，比如用"重"（heavy）来表示"重要"（importance）的重量隐喻在英语（如weighty）和德语（如 wichtig 和 gewichtig，英语解释分别为"important"和"weighty"）中都比较常见。我们根据自身的经验形成对概念的认知——何谓"假意逢迎"，何谓"得力助手"。

莱考夫认为，我们对与行动有关的语言信息的理解可以通过自己模拟这些行动来实现。研究结果支持了这一论断。例如，在阅读有关"转移责任"的内容时，我们手部的肌肉会做出非常细微的动作，就像阅读有关"转移物品"（比如收起碗碟）的内容时那样。[187] 脑成像研究发现，当你阅读有关踢、抓或舔的内容时，脚、手或舌头所对应的运动皮质区域就会被激活。[188]（参与研究的神经科学家得出结论，他们的发现表明大脑中不存在某种用来理解所有语言信息的统一的"意义中心"；相反，我们会根据词语的含义使用大脑的不同部位。）后续研究发现，读到"工具"会激活大脑中与手相关的区域，而读到"食物"则会激活与嘴相关的区域。[189] 个体的身体差异也起着一定的作用：丹尼尔·卡萨桑托（我们在"抓握"一章中介绍了他的"厚重的滑雪手套"实验）发现，当读到"抓"或"扔"等动作动词时，惯用左手和惯用右手的人在大脑的运动区域显示出位置相反的激活状态。[190]当读到"请把球扔给泰勒"时，"扔"的含义是通过激活大脑中控制"扔"这一动作的运动区域来理解的，惯用右手者的相应区域在左半球，而惯用左手者的相应区域在右半球。最近的脑成像研究还发现，抽象的词语会激活运动系统。通常，仅仅是阅读像"爱"、"思想"和"逻辑"这样的词就会激活与面部相关的运动区域。[191]上述内容表明，语言的进化必须建立在以"前语言"手段进行交际的人类祖先所具有的神经结构的基础之上。因此，我们对语言的理解要借助于进化过程让我们去做的事情——伸手、抓握、移动、感觉，等等。

现在，让我们对"隐喻"问题做最后一点儿思考：当我们讨论一个词语或符号的"奠基问题"时，我们到底在谈论什么？所谓的意义必须建立在"符号循环"中抽象符号以外的事物之上，这一论断是什么意思？我们依据什么而有所指称？答案是，我们的经验世界，也就是我们的知觉世界，我们个人的"主体世界"。当我们将自己所听、所读的内容与我们积累的具身经验联系起来时，语言的"奠基问题"就解决了。

关于"阅读"——肉毒杆菌毒素带来的启示

在2010年的一篇论文中，亚利桑那州立大学心理学家亚瑟·格伦伯格和他的团队报告了一项研究，该研究显示，注射肉毒杆菌毒素会造成令人始料不及的后果。[192]2017年，这种医疗美容手段在全球范围内带来了超过30亿美元的收入。[193]肉毒杆菌毒素是从一种叫作"肉毒梭菌"的有毒细菌中提取出来的,在某些情况下,这种细菌会导致"肉毒中毒",这是一种会攻击身体神经并能导致瘫痪的疾病。[194]用于治疗偏头痛和面部痉挛的药物,肉毒杆菌毒素取得了令人满意的效果[195-197],但为人们所熟知的是它的抗老驻颜功能。肉毒杆菌毒素可以抚平随年龄增长而出现在脸上的细纹和皱纹,这一点是通过有效地麻痹面部皮下肌肉来实现的,包括那些与做鬼脸和皱眉有关的肌肉,比如前额的"皱眉肌",其拉丁名称的字面意思为"眉间的皱纹"。在注射肉毒杆菌毒素之前和之后,被试者都被要求默读并理解一些情绪属性具有明显差异的语句。实验者对被试者的理解能力进行测试,以确保他们能仔细阅读。有些语句表达了愤怒的情绪("因为和那个顽固的偏执狂打了架,你砰的一声关上了车门"),有些语句表达了快乐("你最终到达了高山之巅"),有一些则表达了悲伤("你强忍着泪水走进了殡仪馆")。研究发现,注射肉毒杆菌毒素后,使用者阅读表达悲伤或愤怒情绪的语句所花的时间比注射前更长,但该药物对表达快乐情绪语句的阅读时间则没有影响。

为什么会这样?与莱考夫对我们如何理解行动的论述相一致,格伦伯格提出,语言理解是一个"模拟"问题:大脑借助身体局部来模拟文本中所描述的体验。所以,要理解或表达悲伤或愤怒,你必须(至少在某种程度上)皱起你的眉头。现在,由于和皱眉有关的肌肉处于麻痹状态,使你很难或不可能皱眉,因此你要花更长的时间来理解有关悲伤或愤怒的文字。而微笑与前额肌无关,所以阅读快乐的语句不受注射肉毒杆菌毒素的影响。亚利桑那州立大学格伦伯格实验室的座右铭对此做出了简练的概括:"Ago Ergo

Cogito——我做，故我思。"在构建语义的过程中，我们不断地对语言内容进行模拟和想象，从而理解相应的语言内容。

另一项研究发现，肉毒杆菌毒素使用者对他人面部表情所反馈的细微情绪变化的感知速度较使用前有所减慢。[198] 这给了我们一个耐人寻味的启示，即我们的具身经验让我们对他人有了更加细腻的感知。从具身化的角度来看，我们可以通过与他人共情（或皱起眉头）来理解他人。就本书所讨论的内容而言，这种观点可能会让人感觉很直观，但实际上它是颇具争议性的。与心智计算理论类似，人们通常认为语言本身只是抽象规则和抽象符号的集合。

一些研究者对不同形式的"语言–行动一致性"进行了研究，并据此解释了隐喻的具身本质。在一项研究中，实验人员要求被试者在阅读与"上""下"有关的语句时做出向上或向下的手部动作。[199] 一些语句表达了"上/下"的字面义，如："高压气体使气球上升了。"（The pressured gas made the balloon rise.）还有一些语句表达了"上/下"的隐喻义，如："他的政治才能让他取得了胜利。"（His talent for politics made him rise to victory.）第三类语句则表达了与"上/下"隐喻义相一致的某种抽象含义。比如，"他的工作能力使他成为一名成功的专业人士。"（His working capability made him succeed as a professional.）这个语句中就隐含了"上"的意思。被试者要执行的手部动作，或者与句子的字面义、隐喻义或隐含义相匹配，或者不匹配。研究发现，当手部动作方向与语句的意思相一致时，在上述任何一种情况下，被试者的手部动作都会变得更快。这一发现表明，与字面义和隐喻义有关的神经系统也负责向上或向下的手部运动，类似于本章开头所讨论的"手口同步"。

体验式阅读

格伦伯格开发了一种名为"体验式阅读"的干预措施。在多项研究中，格伦伯格要求一年级和二年级的学生在通读语句的同时，用玩具来表演语句中发生的事情。孩子大声朗读文本，然后用实物玩具模拟语句中的活动，每次模拟一个语句。比如，如果读到的句子是"农夫把拖拉机开进了谷仓"，那么孩子就要把玩具农民放入拖拉机，然后把拖拉机移动到谷仓。正如我们之前讨论过的，当孩子们能够有目的地创造自己的体验时，他们的学习效果最佳。皮亚杰认为，这是他们在头脑中建构现实的最快途径。"体验式阅读"将文本内容有意而直接地指向其含义，"因为对象是实际存在的，所以它们既可以启动词语的读音，也有助于限定单词可以指称的对象。"格伦伯格这样写道。[200] 孩子还需要亲自执行句子中发生的事情，以实际的身体操作来体现句子中的行动——谁对谁（什么）做了什么。通过这种方式，孩子掌握了词义以及句子如何描述行动。在实验中，这些积极玩玩具的孩子在回忆句子内容方面的成功率，是只看而不操作玩具的对照组孩子的两倍多。在后续研究中，格伦伯格发现，对电脑屏幕上的卡通玩具执行同样的操作产生了与亲手操作玩具相似的结果。格伦伯格指出，这种干预还有一个"额外的好处"，那就是"帮助孩子爱上阅读"。

"体验式阅读"的第二步是引导孩子在脑海中模拟句子所描述的行动。这可能就是我们进行阅读时所发生的事情，文字编排了我们自己建构的动态想象世界。格伦伯格认为，有经验的写作者会将抽象的符号与具身经验联系起来。先来看一个有关"向心力"的冗长而抽象的表述：

作用在圆周运动物体上的力由 $F = mv^2/r$ 表示，其中 m 表示质量，v 为速度，r 为圆的半径，F 为向心力。

以下是格伦伯格的意象式描述[201]：

想象一下，你在一个停车场里滑旱冰。为了停下来，你抓住了一根柱子。由于你滑过来时速度飞快，你开始绕着柱子转圈。这种运动方式就是"圆周运动"，你的手臂所感受到的力即"向心力"，也就是造成圆周运动的力。你在抓住柱子之前的滑行速度(v)会影响你的手臂感受到的向心力。如果你滑得很快，那么当你抓住柱子时，你会比滑得慢时受到更大的冲击。这就是公式中 v^2 的部分：你滑得越快，你的手在抓住柱子时所感受到的向心力就越大(手也会更疼)。

现在，想象一下你正背着一个很重的背包(你的质量更大)，但是你的滑行速度和之前一样快。当你抓住柱子时，你的手臂所感受到的力会比没有背包时更大还是更小？事实上，公式中的 m 部分表明力会更大：如果你的质量更大，那么在你抓住柱子时，你的手会比你不背背包时更疼。

最后，想象一下，你不是用手抓住柱子，而是用一根带环的绳子，你用环套住柱子，同时抓住绳子的另一端。如果绳子很短，你就会绕着柱子转小圈，而如果绳子很长，你绕柱子的路径就会是一个大圈。在哪种情况下，你会感到绳子和手臂上的张力(向心力)更大？

根据公式，圆的半径(r)充当除数，所以绳子越长，力越小。要想体会这一点，你可以通过想象，将自己拉着短绳绕柱快转与拉着长绳缓缓移动时所感受到的向心力进行对比。

这个例子向我们具体展示了有效写作是如何发挥作用的。在每一段描述中，格伦伯格都试图将抽象变量（当学生第一次遇到这些词时，这些词对他们来说并无意义）与能够说明其意义的具身经验联系起来。这实际上只是"体验式阅读"实验中"农夫把拖拉机开进了谷仓"这种表述的复杂版。事实上，长期以来，许多修辞学家和写作技巧研究者一直主张将这种意象清晰的表达方式作为无障碍写作的风向标。

大脑的很多部分都参与了视觉处理，最通顺易懂的文句迎合了我们的视觉天性。婴儿的视觉能力是通过如何与世界上的事物进行互动来培养的。相对于晦涩难懂的词，可成像的、具体的词汇更容易记住，对健康人士[202]和早期痴呆症患者[203]来说都是如此。事实上，最好的作品——即使对成年人而言——是现实、具体并且意象清晰的。正如史蒂芬·平克（避开他对"心智计算理论"的兴趣不谈，他对写作的建议是值得遵循的）在他的《风格感觉》[204]一书中所详述的那样，所谓"经典风格"，其标志是始终如一地用现实世界中的具体事物来引导读者。如果作者专注于他们领域中的抽象术语（无论是企业术语还是学术术语），而不是以一种具体化或直观可感的方式对事情进行具体的描述，写出来的许多文本都会变得晦涩难懂。这样的写作往往十分抽象，对读者来说毫无经验意义，而优质的文字则会在读者的脑海中投射出一幅幅图像。平克告诉我们:"强迫自己用具体的词语去描述事物,这样做可以消解你对抽象概念的独特积累,并让你在可能与读者分享的共同点上呈现事物。如果我是一名心理学家,我说'向婴儿展示了一个刺激物',可能只有我的心理学同行们理解这句话的含义;但是如果我说'我给婴儿看了大鸟'①,每个人都知道'大鸟'是什么意思。"实际上,最出色的文章都是有效的剧本创作:你必须为读者呈现可以在他们脑海中展开的场景。

语言使我们能够分享自己的思想和感受,这种交流之所以成为可能,是因为我们的大部分"主体世界"都是与他人共享的。奥地利哲学家路德维希·维特根斯坦曾说:"如果狮子会说话,我们也未必能理解它。"[205] 他的意思是说,如果不存在共享的知觉世界,就不可能实现有意义的交流。维特根斯坦认为,狮子与人类在身体、生态以及关注的问题上差异太大,因此,这两个物种之间不可能通过交流来分享经验。就我们自己而言,我们的"主体世界"并非全由身体和自然生态所塑造,也受到社会环境的影响。我们的知觉世界充满了对"他人"以及"他人眼中之我"的关注。人类的进化史告诉我们,人之所以为人,就在于人所具有的社会属性。

---

① "大鸟"(Big Bird)是《芝麻街》中的一个角色,这只 8 英尺 2 英寸高的亮黄色拟人鸟,会滑冰、跳舞、游泳、唱歌、写诗、画画和骑独轮车。——译者注

第三部分

归属感

第 7 章

联结：情感的联结是减轻焦虑的秘方

在动荡、暴力的 20 世纪上半叶，一场神秘的儿科危机席卷了美国乃至整个欧洲。受两次世界大战和经济大萧条的影响，在看护机构接受照料的儿童数量激增，但是这些孩子的生活并不好。1915 年，在美国东部的 10 个收容机构中，两岁以下幼儿的死亡率为 31%~75%。1920 年的一份德国报告指出，即使在最好的弃儿养育院里，仍有 70% 的婴儿在一岁前夭折。[206] 在路易斯·巴斯德及其细菌理论所掀起的革命之后，这些地方的卫生状况得到了极大的改善，营养水平也有了较大提高。然而，幼童的死亡速度仍然令人震惊。即使是在最好的机构中，婴儿的死亡率也高达 10%。受影响的婴儿看起来像是患上了抑郁症，表现出婴儿形式的沮丧和精神分裂。观察人员发现，这些婴儿变得日渐消瘦。

此前早已有人指出了长期住院对生命和健康的危害，并将这种危害描述为"成长受阻"或"儿童住院症"。1897 年，弗洛伊德·克兰德尔在《儿科学》杂志上发文称:"即使是那些综合医院的主治医生也会很快了解到,除了某些不治之症以外,长期住院通常是不利的。患者年龄越小,这种情况就越明显。在所有婴儿医院中,一岁以下婴儿的死亡率都相当高。"[207] 他继续写道,"成长受阻"在城市里的任何一家大型儿童医院都能看到,它比肺炎和白喉还要危险。克兰德尔指出:"随着住院时间的延长,患者会出现进行性贫血症状,孩子经常死于消瘦症,或单纯的、无器质性病变的消瘦。"不过,这并非"新的发现",早在几年前,同领域的其他医生就写过此类文章。18 世纪后期,机构对婴儿的照料状况更加糟糕:巴黎育婴堂的婴儿死亡率为 85%,都柏林则达到了 99%。[208]

克兰德尔认为,"对'住院症'的研究,以及婴儿在明显适宜的环境中日渐消瘦的奇怪趋势,自然会导向对其原因的探究。"他建议,可能的干预措施包括"关注、喂养和空气",即足够(但不必太多)的身体接触、适当的营养,以及通风良好的室内活动空间。然而,克兰德尔被迫承认,他本人乃至整个医学界都不知道该如何应对这些幼童的"成长受阻"。这是一个残酷的事实:在美国和欧洲国家,每年都有大量婴儿死在医院、孤儿院以及育婴堂。

1948 年,从奥地利移民至美国的心理学家勒内·斯皮茨为纽约医学院的一群心理学家和医生放映了一部短片,片名为《悲伤:婴儿期的致命危险》。[209] 斯皮茨展示了他用自己的相机拍摄的一组小婴儿的镜头,这些婴儿都有类似的衰退模式。"如果婴儿在出生后的第 6 到第 18 个月之间被迫与母亲分离,身边又没有足够的养育者,那么在分离的头两个月里,婴儿的发育就会变得迟缓。"影片中的一段介绍性字幕这样写道,"婴儿变得越来越难以接近,且很容易哭泣和尖叫。"在接下来的几个月里,由于母爱的缺失,婴儿在心理上变得更加孤僻,肢体动作变得更加僵硬。斯皮茨报告说,在观察到的案例中,有37%的婴儿"整体人格逐渐退化,最终导致消瘦症,并在出生后第二年死亡"。根据最近的一次事件记录,后来,一位著名的心理学家含着泪走近他说:"你怎么能这样对我们?"[210]

尽管斯皮茨因为方法上的缺陷和草率的记录而受到批评,但他对情绪力量的研究产生了巨大的影响——有人可能会说,这是纪录片推动改革的最早例子之一。他以及他那一代研究者的工作表明,对人类婴儿来说,茁壮成长不仅要获得足够的热量、温暖和其他生活必需品,还需要情绪供给和社会滋养。养育者要为婴儿提供温情和善意,孩子的身体健康有赖于此。

人类是高度社会化的动物。保持社会联结是获得健康、幸福和快乐的必要条件。古人类学认为,与朋友及所爱之人一起沉浸在社会环境中是人类思维的默认假设。我们生来就有归属感。

我们可以从当今的公共卫生数据中看出保持社会联结的必要性。令人震惊的是,数据显示,与吸烟、酗酒、肥胖或缺乏体育锻炼相比,缺少朋友或知己更容易致病或致死。相应地,与社会疏离的成年人更有可能吸烟、缺乏体育锻炼并摄入较少的果蔬。一项针对旧金山湾区近7 000名成年人展开的为期9年的大规模调查发现,社交匮乏者的全因死亡风险(由于任何原因而死的概率)超过社交广泛者的两倍。[211]同样,缺乏社会关系的人,比如缺乏社会支持或婚姻关系紧张的人,患癌症、糖尿病和心血管疾病的风险更大。[212]

最近,杨百翰大学的朱莉安·霍尔特-伦斯塔德让"孤独的负面影响"成为举国关注的焦点。[213]在2010年的一项开创性研究中,她和她的团队评估了 30 多万人的死亡率数据。对被试者的平均随访时间为 7.5 年,与缺乏社会关系的人相比,社会关系活跃者(比如融入社交网络的人)在此期间的存活可能性要高出 50%。拥有牢固社会关系的人比社会关系较弱者的平均寿命要长 3.7 年。事实上,孤独比吸烟、酗酒、缺乏锻炼、身体肥胖以及空气污染更容易致人死亡。"综合年龄、性别、初始健康状况、随访时间及死亡原因等诸多因素来看,孤独对不同人群的总体影响是一致的,这表明社会关系和死亡率之间的联系可能具有普遍性,降低风险的努力不应该只针对某个群体(比如老年人)。"她和她的同事这样写道。几年后,她的团队对全球 340 万人进行了跟踪分析,发现死亡率与此前研究相似。在全球范围内,纵观统计范围内的所有人群,社会隔离都是致命的。"我们想知道:这种影响是否因国家/地区而异?(不会!)是否因死亡原因而异?(与死因无关!)对男性的影响程度是否比女性更深?(程度相近!)"她在一次采访中如是说。[214] 这是现实生活的写照,对吗?它对现实生活中的健康问题具有启示作用。

和 20 世纪育婴堂里的婴儿一样,21 世纪的成年人也亟须关怀。霍尔特-伦斯塔德将社会隔离带来的破坏与"住院症"(其机制以及通过建立联系、增加关爱来进行治疗的手段)的发现所带来的范式转移进行比较。"与此形成类比的是,几十年前,即使在排除了原有健康状况和医疗条件影响的情况下,监护机构(孤儿院)中也出现了较高的婴儿死亡率。缺乏人际接触会导致死亡。婴儿没有社交互动就会死去,这一发现令医学界大为震惊。尽管事后看来这一发现过于简单化,但它引起了实践与政策的改变,从而显著降低了婴儿的死亡率。"

尽管西方文化，尤其是美国文化，可能崇尚粗犷的个人主义和自我表达，但在当代社会，人们的生存仍然要依赖他人，就像人类在历史上的处境那样。"个体"的概念是一个相对现代的发明，在圣安塞姆和维廉·奥康等中世纪基督教哲学家的著作中出现了对它的早期论述；在以"自由"为思想核心的欧洲启蒙运动中，这一概念得以最终形成。[215] 直到1815年，"个人主义"一词才被创造出来。[216] 在人类历史的进程中，社会群体、氏族、教会、国家——这些都是社会的基本要素。我们的生活有赖于他人，这些人不仅来自我们的核心家庭，也来自更大的公共群体。

在本书中，我们一直在进行人类生态学方面的探索：我们适应周围环境的方式，以及环境为我们提供的行为可能，它们之间的相互作用是通过知觉来表达的。"可供性"不仅具有物理属性，也具有社会属性。由他人提供的互动可能，有"好"有"坏"——前者如"爱"、"情感"以及"社会支持"，后者如"威胁"、"侮辱"以及"社会焦虑"。人脑对这些"社会可供性"也有所反映：在进化的过程中，"社会疼痛"借助"生理疼痛"的结构系统，以真实的"痛苦"为我们对"归属和爱"的基本需求发送指令。"具身化"意味着我们不仅可以拿起一块石头，还可以牵起一只手。最亲密的社会关系是通过"触摸"建立起来的。

联结性触摸

威斯康星大学的传奇心理学家哈利·哈洛在1958年发表了一篇关于"触摸的重要性"的开创性论文，论述了"爱"在日常生活中的核心地位与该问题在心理学研究中的缺位这一巨大脱节。在20世纪50年代，心理学家认为，包括人类在内的所有动物都受到饥饿、口渴和疼痛等基本生理需求的驱动，从而激发出生存所需的进食、饮水以及远离疼痛来源等行为。那么，"爱"源自哪里？对"社会归属"的渴望又从何而来？当时的心理学家推测，被提供食物的养育者所吸引是我们学习情感的方式。婴儿渴望牛奶，养育者提供牛奶，因此随着时间的推移，婴儿学会了去渴望养育者，故事的发展大抵如此。

但是，这种推测与哈洛在实验室中观察到的情况并不相符。在对猕猴幼崽进行的研究中，他发现，它们会对笼子中的绒布衬垫产生依恋，紧紧抓着不放，当布垫被拿出去清洗时，它们会大发脾气。相反，被放在没有布垫的铁丝网地板上养育的猕猴幼崽，在它们出生后的头5天里"连活下来都很困难"。受这一观察结果的启发，哈洛提出，对婴儿的健康和福祉而言，"接触安慰"可能与基本的生理需求一样重要。[217]

在一项标志性的实验中，哈洛的团队用两个人造的"代理妈妈"替代实验中小猴子的亲生母亲。一个"代理妈妈"是用木头做的，上面覆盖着海绵橡胶，外面裹着一层绒布，"她"的身后有一个可以散发热量的灯泡；另一个"代理妈妈"则是用铁丝网和灯泡做成的。一个温暖而柔软，另一个温暖却坚硬。小猴子被分成两组，对于其中一组的4只小猴子来说，"绒布妈妈"身上的奶嘴可以提供乳汁；而对于另一组的4只小猴子来说，"铁丝妈妈"的奶嘴可以提供乳汁。令人惊讶的是：在整整160天的测试中，两组猕猴幼崽每天要花12个小时甚至更长的时间趴在"绒布妈妈"身上，而待在"铁丝妈妈"

身边的时间只有不到1个小时——即使"她"是乳汁的来源。这与公认的心理学常识相悖：猕猴幼崽的表现与"营养驱动行为，情感因喂养而习得"的观点截然相反，它们非常渴望触觉上的安慰，无论这种安慰是否与食物有关。哈洛指出："'接触安慰'是与'爱'这种基本情感有关的一个重要变量，这一发现并未让我们感到意外。但我们没有想到它会如此彻底地掩盖了'养育'变量的影响。事实上，这一巨大的差异表明，作为一种情感变量，养育的主要功能是确保婴儿与母亲之间有频繁而亲密的身体接触。"哈洛总结说，对猕猴适用的结论肯定也适用于人类，因此他补充道："人类当然不能仅靠乳汁活着。"[218] 从一开始，人类就像其他灵长类动物一样，需要被触摸。

皮肤的社会属性 [219]

和我们的灵长类表亲一样，互相触摸是人类表达爱与关怀的最直接的方式。非人灵长类动物每天要花费大量的时间通过梳理毛发来互相触摸。拿狒狒来说，它们将醒着的17%的时间都花在了为群体内其他成员梳理毛发这件事上；如果只是出于卫生清洁的需要，它们只需为此花费一天中1%的时间。[220] 为梳理毛发而额外花费的时间有助于加固社会纽带，而且可能会让那些受到触摸式关注的狒狒感觉很棒。狒狒或其他非人灵长类动物会用一只手划开同类的毛发，用另一只手挑出碎屑。这种划开毛发的动作类似于人类的爱抚。哺乳动物的皮肤中有专门的触觉感受器来处理这种社交型触摸。

人类的身体看起来并未被毛发覆盖，但实际上，我们和我们进化之路上的表亲一样多毛。人类的毛发有两种类型，一种是"针毛"，它又粗又硬，肉眼很容易看见；另一种是"毫毛"，它又细又短，远观则不易察觉。男性和女性的面部毛发数量相当。男性的胡须属于针毛，而女性的面部则覆盖着毫毛。除了手掌、脚底、嘴唇以及身体的隐私部位[①]，我们身体的其余部位都被毛发所覆盖，其中大部分是毫毛。抚摸感受器包裹着毛囊底部或分布在其周围区域。这些感受器能检测到他人的手拂过你的皮肤时所引起的毛发运动，来自所爱之人的触摸会让人深感愉悦。

抚摸感受器是人体神经系统的"乌龟"，它们（通过脊髓）向大脑发送信号的速度非常缓慢。由于这种慢速传导的特性，当人们以一两秒的时间间隔进行缓慢的抚摸时，这些感受器会发出最强烈的信号。为了精准测定这些细胞的最佳抚摸频率，一组瑞典研究人员在清醒状态的人类志愿者的抚摸感受器上放置了电极。实验者用柔软的刷子对这些感受器上方的皮肤进行了不同速度的轻柔抚摸。他们发现，以每秒 1/2~4 英寸的速度缓慢地抚摸皮肤，能引起抚摸感受器的最大反应。然后，他们让志愿者对毛刷抚摸的愉悦程度进行了评分，并改变了抚摸的速度。结果发现，最令人愉悦的抚摸速度是每秒 1/2~4 英寸，这表明让抚摸感受器产生最强响应的抚摸速度，也能给人带来最大的愉悦感。

我们都能够凭借直觉来理解这种关联。当你抚摸所爱之人的小臂时，你上下摩挲的速度既不能太快，也不能太慢，而应该在一个理想的区间内。速度适中的爱抚是最令人满意的。当我们通过彼此

[①] 我们的生殖器是无毛的，但它们被一堆粗硬的针毛所包围。这些毛发是性的强烈气味的来源。

触摸来分享感情时，我们就会发现这种最佳速度。

疼痛感告诉你痛在何处，也促使你去终止疼痛。同样地，触觉感受器也会传递两类信息。首先，它们会告诉你是什么触碰了你（锐的还是钝的，硬的还是软的），以及触碰发生在身体的哪个部位。其次，它们会传递一种具有驱动性的情感信息（是否感觉愉悦），告诉你让触碰继续还是将其终止。第一类信息由快速作用的触觉感受器传递，而后者则是由缓慢作用的细胞(如抚摸感受器)传递的。这两种类型的感受器沿着并行的路径到达大脑，前者最终到达躯体感受区，而后者最终到达岛叶。躯体感受区负责对触摸进行辨别和定位；岛叶则是一个与情感感受和动机有关的情绪脑域，正是它让我们因爱人的轻抚而心生荡漾。在功能性核磁共振成像实验中，当实验者以适当的速度抚摸志愿者时，他们的岛叶表现出了较高的活动水平。[221] 研究人员还发现，仅仅是看着某人以理想的速度被爱抚——不太快也不太慢——也会在大脑中表现出同样的奖赏反应。所以下次，当你和你在乎的人拥抱时，请记住这一点：抚摸是一种带有深刻情感意义的具身性信息。

手牵手做核磁共振

吉姆·科恩（现在是丹尼在弗吉尼亚大学的同事）曾在位于图森的南亚利桑那退伍军人医院进行临床心理学实习，从那时起，他意识到社会支持的重要性。他当时的工作与一名患有"延迟性创伤后应激障碍"的"二战"老兵有关。在大半生的时间里，这名老兵都没有任何症状。但现在，随着病情的恶化，这名老兵拒绝接受标准治疗。严重的精神创伤令他无法谈论自己的遭遇。科恩尝试了"放松疗法",这种疗法只要求患者调节呼吸,但是对这位患者来说,即便只是尝试放松,压力也太大了。然后,他向科恩提出了一个问题,这个问题的答案将彻底改变科恩的心理学研究视角:"好吧,但可不可以让我的妻子和我一起来治疗?"[222]

科恩的回答是"当然可以"。所以在下一次治疗时,病人妻子也陪他一起去了。科恩要求患者开始放松练习,而他又一次拒绝了。这时,他的妻子把椅子挪了过去,并握住了丈夫的手。"这就像是点亮了一盏灯。"科恩说。他的病人开始进行放松练习,最终,他开始讲述自己可怕的战时经历。只有当妻子牵着他的手时,他才能谈论这些。

在这对夫妇的启发下,科恩开始在实验室里探索这类情绪依赖现象。在一项被广泛引用的实验中,科恩和他的同事对已婚的异性恋女性进行了脑部扫描。为了模拟一种令人产生压力的情境,实验者告诉被试者,在三种情况下——独自一人、牵着陌生人的手或者牵着丈夫的手——他们都将受到轻微的电击。结果显示,牵着某人的手,尤其是伴侣的手,可以降低与威胁相关的大脑区域的活跃程度。最引人注目的是:一个人对自己的婚姻感觉越好,与恐惧有关的大脑区域的活跃程度就越低。

几年后,科恩进行了一项规模更大的后续研究,被试者及其同伴之间的关系更加多样化。参与这个牵手实验的所有110名被试者都带来了自己的一位异性伙伴。[223] 就被试者与其伙伴的关系而言,大约有1/4是朋友关系,另有1/4是恋人关系,还有1/4是同居关系,剩下的1/4是配偶关系。在电击威胁试验中,被试者要么牵着他们带来的伙伴的手，要么牵着陌生人的手，要么独自接受测试。与之前的研究结果类似的是，当被试者握住配偶的手时，与威胁相关的大脑区域变得不那么活跃了，对于那些在彼此关系中感受到更多社会支持的人来说，相关脑区的活跃程度下降得更加明显。但有一个结果令人颇感意外：这种改善效果不仅与配偶之间的牵手行为有关，和自己的恋人或者朋友牵手也能引起同样的效果。与陌生人牵手的效果恰恰相反，握着陌生人的手会使大脑对威胁的反应更加强烈。

所以，当你与所爱之人手牵手时，究竟发生了什么？按照科恩的说法，在牵手的过程中发生了"对风险和努力的社会调节"。这听上去很抽象，很理论化，但实际上并非牵强附会。从根本上讲，我们的同伴帮我们减轻了由生活中的诸多挑战所带来的负担。（这同样也体现在了我们的习惯用语中："我们患难与共"，"让我帮你一把"，诸如此类。）此外，科恩发现了人类的触摸行为所具有的特殊力量——当你面对可怕的事物时，牵起所爱之人的手会让你感到更加安全。科恩将所有这些发现都融入了一个理论框架，并重新考虑了有关人类进化历程及当今人类社会运行规律的一些基本假设。该理论被称为"社会基线理论"，其主要观点是，将个体嵌入社会环境之中，期待周围的人能够分享资源并为需要付出努力的挑战贡献力量，是我们这一物种的本能状态。[224] 该理论进一步断言，我们的社会本质改变了"大脑对'自我'的理解，从而将社交网络或社会关系中的其他人都视为'自我'的延伸"。[225] 社会基线理论表明，我们都希望生活在一个社会化的世界中，我们假设并本能地希望其他人会在我们的周围。他们在或不在，以及他们是谁，都会影响我们对个人世界的感知。

友谊可以减轻负担

根据吉布森的"可供性"概念,社会基线理论有其合理的一面:当有一个伙伴来分担你的负担时,无论这种负担是生理上的还是心理上的,"可供性"都会发生变化。这一观点已经得到了相关研究的证实:研究者通过调查发现,人们感知到的箱子重量,取决于他们是独自抬箱子还是和其他人一起抬。[226] 在每次试验中,实验被试都被要求对一个装满土豆的箱子的重量进行估计。每次试验开始时,实验者会对箱子中的土豆数量进行调整,以此来改变箱子的整体重量。被试者首先要做出重量判断,然后独自或与他人一起抬起箱子。研究发现,在抬箱子之前,如果被试者希望独自抬起箱子,那么与他们希望与另一个人一起抬时相比,他们会认为箱子更重。此外,在抬起箱子后,如果箱子是与其他人一起抬起的,被试者也会认为箱子的重量比一个人抬时要轻一些。在一项设计得特别巧妙的实验中,提供帮助的人要么身体健康,要么有明显的身体损伤。当被试者希望与身体受损的人一起抬起箱子时,他们会认为箱子比与健康人一起抬时更重。这些发现表明,别人的分担不仅能减轻你所担负的重量,实际上还能减轻负担的知觉重量。

我们在前面的章节中曾经描述过,丹尼的研究表明,当人们背着沉重的背包时,山坡在他们眼中比不负重时更加陡峭。那么,当负重的被试者与朋友在一起时,情况会是怎样的呢?一个可能提供社会支持的朋友的存在,会让山坡看起来不那么陡峭吗?2007年的一天,当时还是研究生的西蒙妮·施纳尔①带着这个问题来到了丹尼

---

① 当时,西蒙妮是弗吉尼亚大学的一名博士后。现在,她是英国剑桥大学的一名教员。

的办公室。在当时，丹尼还没有受到杰里·克罗尔和吉姆·科恩（当然，还有西蒙妮·施纳尔）的影响。因此丹尼坚持认为，朋友的存在并不会影响我们对山坡陡峭程度的感知。在这一点上，他大错特错了。

最终发表的论文中包含两个实验。[227]在第一个实验中，被试者或者与朋友一起，或者独自观察一个山坡。结果显示，当有朋友在场时，山坡看起来没有那么陡峭。在第二个实验中，被试者被要求一边观察山坡一边在心里想一个人，这个人可能是朋友、关系一般的人或者他们不喜欢的人。研究结果再次表明，与想到关系一般的或不喜欢的人相比，想到朋友会让山坡看起来不那么陡峭，而前两种情况则得出了类似的结果。此外，从关系的持续时间、亲密程度和温暖程度来看，社会关系的质量越好，山坡在被试者眼中就越平缓。这也让我们想到了科恩的"牵手实验"。

朋友可以减轻负担，无论是字面意义上的"负担"，还是隐喻意义上的"负担"。以感知山坡的陡峭程度为例，朋友的存在并不意味着有人会推你上山，而是意味着当机遇和挑战出现时，你可以向朋友寻求帮助和支持。爬上山坡仍然需要消耗你的资源，但因为朋友的资源也可以为你所用，所以你的可用资源总量增加了。

养育孩子是资源消耗最大且历时最为长久的负担。"举全村之力养育一个孩子"，这句话证明了社区积极参与儿童看护、养育和教育的必要性。"举全村之力"这则谚语的出处尚不明确，很可能来源于非洲人或印第安人。美国国家公共电台（简称NPR）援引威廉帕特森大学非裔美国教授劳伦斯·姆博戈尼的话说："不管是不是谚语，'举全村之力养育一个孩子'反映了我们这些在非洲农村长大的人很

第 7 章 联结：情感的联结是减轻焦虑的秘方

容易理解的社会现实。小时候，我的行为不仅受到父母的关注，也是所有人都关心的问题，尤其是那些不当行为。任何一个成年人都有权利责备我、管教我，并将我的顽皮行径告诉我的父母，而我的父母也会以他们的方式'惩罚'我。当然，人们所关心的是整个社区的道德福祉。"[228] 还有另一种可能，即作为人们在育儿过程中所普遍采用的一种社会支持策略，这一表达是世界各地的人们不约而同地独立构想出来的。人类不会也不能自己抚养孩子。在很长的一段时间里，我们的孩子都有着很高的需求，孩子的养育者需要其他人的帮助。

母亲和其他人[229]

加州大学戴维斯分校的荣休教授莎拉·布拉弗·赫迪推翻了关于早期人类家庭生活的一些最根深蒂固的、以男性为中心的文化假设。在传统观念中——这种看法可能源于古人类学诞生的维多利亚时代——人类夫妇是我们直系祖先的基本社会单元，男人负责狩猎，女人负责采摘果实并承担所有育儿责任。在她的研究和著作中，特别是《母亲与其他人：相互理解的进化起源》一书中，赫迪强有力地指出，这种对于人类状况的粗犷个人主义观点是极为荒谬的。事实上，基于进化生态学和简单数学计算方面的原因，这种观点很难站得住脚。

"狩猎采集者"女性每3~4年生一次孩子。这一繁殖速度大约是其他类人猿的两倍。所有家长都会告诉你，人类的婴儿非常依赖他人，发育速度缓慢且养育成本极高。据估计，把一个孩子养育到

18岁大约需要消耗5 520万千焦①的热量。²³⁰ 因此,"狩猎采集者"父母根本不可能在没有其他人帮助的情况下喂养和抚育他们的孩子。与没有亲缘关系的人分担育儿责任,这种行为被称为"替代父母行为"(alloparenting)。尽管大约有1/2的其他灵长类动物会以某种形式共同抚养后代,但人类是唯一采取"替代父母行为"的类人猿——对于猩猩、大猩猩或黑猩猩来说,孩子只能由母亲照顾。"例如,一只猩猩妈妈不会允许任何其他猩猩带走她的孩子,"赫迪说²³¹,"至少在婴儿出生后的前6个月里,它会和婴儿保持肌肤接触,一刻都不分开,而婴儿的哺乳期长达7年之久。这是一种非常专一、有献身精神且具有排他性的养育方式。"

对当代"狩猎采集者"的研究结论充分说明了"替代父母行为"的重要性。研究非洲南部桑人昆部落的科研人员发现,当婴儿哭泣时,村里的其他人会和母亲一起来照顾孩子,而且在1/3的时间里,婴儿是由值得信任的其他人来照料的。²³² 研究人员在刚果民主共和国境内的埃菲族中也观察到了类似的育儿模式。这是一个身材矮小的觅食者群体,平均每个婴儿会有大约14个不同的看护人,母亲是育儿的主要角色,而祖母、父亲、姨母、兄弟姐妹乃至村子里没有血缘关系的人,在照顾婴儿的过程中都发挥了某种作用。"异亲抚育"从一开始就是一种常规模式:在出生后的第一天,婴儿就由群体成员轮流照顾;3周大时,婴儿有40%的时间和"替代父母"待在一起;到18周大时,婴儿在60%的时间里由"替代父母"看护,其余时间与母亲待在一起。研究者在其他觅食者群体中也观察到了类似

---

① 这个数字代表8 400千焦的日平均消耗量。当然,每个人的实际消耗情况因年龄、性别和活动水平而异。8 400千焦对应着从出生到18岁这个范围内的近似平均值。

的育儿模式。

赫迪断定，兄弟姐妹之间的竞争以及多位潜在养育者的存在，使人类婴儿较早地进化出了选择由谁来照料自己，并设法引起照料的能力。她认为，"情绪调谐"是一种进化选择。她指出："在一代又一代的原始人类婴儿中，那些更擅长讨好养育者，思考着'他们对我怎么看，我怎样才能让自己更有吸引力'的小家伙更容易得到照料和喂养，更有可能存活下来。"[233] 看到幼小的婴儿，谁不心生愉悦？脑成像研究显示，与看到陌生的成年人面孔不同的是，当人们看到一个陌生婴儿的面孔时，内侧眶额皮质（与奖赏和美丽相关的大脑区域）的活动在 1/7 秒内就会被触发。[234] 事实上，一个孩子的婴儿特征越明显，即脸蛋越圆、额头越大，不相识的被试者就越觉得他可爱，并且更想要照顾他。[235] 为了获得照顾，"可爱"是婴儿在适应人类生态及其所提供的诸多"可供性"时所表现出来的一种核心能力。

赫迪的工作将人类的遥远过往与当下的生活联系在一起。在进化的过程中，养育孩子逐渐演化为一项多人协作的任务，"职场妈妈"在人类家庭中一直是一种常态化的存在。事实上，美国 20 世纪中叶那种"养家者"与"持家者"各司其职的分工模式，可能仅仅是那个时代的产物。从历史的角度来看，这种反常的家庭分工是有违自然规律的极端例外。当代发达国家的大型人口统计数据证明了"拟母照料"的巨大价值，以及将职业生涯和父母身份相结合的必要性。以儿童托育形式实行国家补贴型"替代父母行为"的国家正在实现人口更替，比如法国和北欧国家；而那些没有为"职场妈妈"提供支持的国家则可能或已经进入人口下降期，比如西班牙、意大利和地中海欧洲的大部分地区，还有韩国和日本。在这些国家的小城镇，学校被废弃的现象日趋普遍。[236, 237] 实际上，美国人口出生率没有大幅下降的唯一原因是移民人口增加了，而这些移民更有可能接受"拟母照料"。[238] 当一个社会强迫女性在"步入职场"和"成为母亲"之间做出选择时，职业女性和全职妈妈的数量都会减少。

纽带的力量

20世纪40年代，英国精神病学家约翰·鲍尔比试图弄清母婴之间的情感纽带有何特别之处。他不认同精神分析学派的观点，其中涉及很多"驱力"、对乳房的渴望，以及对营养的关注。他也没有从行为主义的研究方法中获得太多的帮助，该理论认为，除了满足基本的生理需求外，婴儿还需要足够的刺激。按照这个逻辑，母爱剥夺之所以具有强大的破坏性，并不是因为失去了情感联结，而是养育者没有为婴儿提供足够的互动经验。

鲍尔比的职业生涯始于战时的英格兰，在一所为行为失当的年轻人开设的学校里，他看到各种令他深感震惊的人生样态。与同时代的弗洛伊德学派研究者所坚持的观点不同，鲍尔比认为这些年轻人的行为问题并不是性欲冲突导致的，而是亲子关系质量造成的。他对自己所在儿童矫正中心的少年盗窃犯进行研究，并且发现这些孩子与母亲（或许还有父亲）的关系几乎都很糟糕。

安娜·弗洛伊德继承了她父亲的精神分析传统，她将"母爱"称为"食橱之爱"，因为根据弗洛伊德的观点，婴儿真正需要的只是吃东西。"我认为那不是真的，我知道不是。"鲍尔比后来说，"关于母乳喂养与奶瓶喂养等问题的很多讨论都是华而不实的，我认为这些看法一文不值。它们与我的临床经验完全相反。有一些非常慈爱的母亲用奶瓶喂养婴儿；我也在诊所里遇到过一些非常排斥婴儿的母亲，看上去明显不太友善，但他们用母乳喂养婴儿。在我看来，"喂养"是与母爱完全或几乎完全不相关的变量。因此，我对传统看法很不以为然，但又没有找到可以取而代之的解释。"[239]

在朋友的提示下，鲍尔比注意到了奥地利动物行为学家康拉德·劳伦兹的研究成果。劳伦兹是一位动物行为研究者，此外，他还以对印刻现象的研究而闻名。印刻现象，即某些动物（比如鸭子或鹅）在初生阶段是如何理解它们看到的第一件事物的。（在一个经典的实验中，劳伦兹把鹅蛋分成了两组，一组留在母亲身边，另一组放在孵化器里。由母亲孵化出来的小鹅对它们的母亲产生了印刻，而在孵化器中孵化出来的小鹅没有看到妈妈，但看到了劳伦兹。为了证实自己的判断，他把所有的小鹅都放在了一个翻倒的盒子下面，然后把它们放了出来。结果1/2的小鹅跑向妈妈，另外1/2的小鹅则跑向劳伦兹。[240]）

动物行为学家已经确定了"物种特异行为"的存在。所谓的"物种特异行为"，指的是同一物种中绝大多数成员共有的一套行为，比如狗的吠叫、猫的喵喵叫，以及人的言语交流。某些物种特异行为存在一个关键习得期，这意味着要想正常习得这些行为，就要从很小的时候开始学习。小鸟可以从父亲那里学会鸣叫，前提是要在正确的时间学习。小鹅会对它的母亲形成印记，但这种现象只发生在一定时期内，否则正常的功能性联结就不会形成。

鲍尔比逐渐将母亲和婴儿之间的情感纽带看作一种时间关键型

物种特异行为。婴儿通过咿呀声表达需求，父母必须给予关怀和安慰。这一切都是为了在彼此之间建立情感的纽带。如果亲子之间没有这种纽带，或者以某种不正常的方式形成这种纽带，可能会阻碍孩子成长为一个自信的社交能手。罗伯特·卡伦在他对该领域研究历史的开创性著作中写道："鲍尔比用'依恋'这一术语来描述母婴之间的情感纽带。'依恋'不同于'联结'，后者反映的是即时性的事件……'依恋'意味着一个复杂的发展过程。事实上，在鲍尔比看来，'依恋'更接近于'爱'的概念，尽管二者不尽相同。"[241]

我们生来就渴望依恋关系。依恋关系的发展决定了我们在由他人组成的社会化世界中感知可供性的方式。社会疼痛的神经解剖学本质说明，我们的社会本能根深蒂固，正因如此，与社会本能相关的指令是由居于"统帅"地位的情感，即"疼痛感"来执行的。

尽管鲍尔比对"依恋"的看法主要集中在母婴关系上，但在随后几十年的人生里，"依恋"行为将延伸到人生各个阶段的各种牢靠关系中。我们将"依恋对象"看作避风的港湾或安全基地——当我们受到伤害、威胁或焦虑时，我们会向"依恋对象"求助。从理论上讲，孩子进入青春期后渴望脱离父母而走向独立，并将依恋关系转移到朋友身上。到了成年期，依恋的对象已经从父母变成了人生伴侣，即恋爱的对象。

正如儿童在摆弄球和摇铃的过程中了解了它们的玩法一样，他们也通过早期的社会关系来了解他人存在的意义，以及自己在这些人周围应该如何行动以满足自己对爱和养育的需求。鲍尔比和他后来的合作者玛丽·安斯沃斯通过著名的"陌生情境"实验对依恋关系及其类型进行了实证研究。在一面单向透明的镜子前，母亲先和孩子一起玩耍，然后离开，再回来。实验人员对母亲离开后以及母子重逢时孩子的反应进行了观察，孩子应对母亲离开和母子重逢的方式反映了他们对母亲的依恋模式是否安全。尽管学者和临床医生对确切的定义存在分歧，但在这组实验中，母子之间的纽带关系表现为"安全型依恋"和"不安全型依恋"两大类型。"安全型依恋"表现出牢固、稳定的总体特征。"不安全型依恋"可以分为三种：第一种是"焦虑型依恋"，这种类型的孩子往往表现得过度黏人；第二种是"回避型依恋"，这种类型的孩子对母亲或其他人的反应都较为冷漠；第三种被称为"混乱型依恋"，是安斯沃斯和她的同事在后来的一系列研究中发现的，在这种模式下，孩子表现出了不可预测或者恐惧的反应。概言之，这些依恋类型反映了孩子适应母亲行为的方式。如果母亲在自主性方面（比如允许孩子自己玩耍）存在顾虑，那么孩子也会遇到自主性方面的困难并渴望紧紧依偎在母亲身边。如果母亲对孩子的情绪表达置之不理，孩子则会学着平息自己的情绪。

据估计，在美国成年群体中，有50%~60%的人是安全型依恋者，他们很可能拥有稳定的恋爱关系，并对它感到满意；[242]而其余人在亲密关系中则带有某种通常是无意识的焦虑特质：一些人觉得必须和自己的伴侣亲密无间，另一些人很容易因脆弱的情绪或情感表现而受到惊吓，还有一些人对亲密关系抱有很多消极认知，以至于他们根本就不想拥有（或不能维持）一段亲密关系。我们也必须注意到，这种类别划分并不是一成不变的：当一个在某种程度上缺乏社会安全感的人，通过一段稳定的长期关系或与治疗师的持续合作而成长为一个更有安全感的人时，他们就拥有了"获得的安全感"。[243]

社会基线理论反映了我们的物种特异性本能,即认为自己嵌入了一个社会化的世界之中。依恋关系奠定了社会化世界的底色:你所感受到的并非客观存在的爱情、友情和亲情,而是透过你自己的社会成长经历而感受到的亲密关系。

我们是什么类型的动物?社会性的动物。我们感知的是什么?一个充满了机会和成本的社会化世界,感知的结果取决于一个人在过往生活中的依恋类型。安全型依恋者会看到更多机会,不安全型依恋者则看到更多成本——这些偏见是自证性的。

焦虑型依恋和回避型依恋曾经被视为本身毫无价值、需要治疗的疾病。但更近的研究表明,这两种依恋类型具有进化适应性。以色列心理学家萨奇·艾因-多尔通过一系列巧妙的实验设计对此进行了研究。在其中一个实验中,实验被试者被安置在一个逐渐充满无毒烟雾的房间里,包含"高度焦虑型依恋"成员的小组更快地逃离了危险。[244] 在艾因-多尔的另一个相关实验中,被试者在实验人员的引导下相信他们的电脑已经感染了病毒,回避型依恋成员越多的小组寻求技术支持的速度越快。这为艾因-多尔的假说提供了证据,即对群体而言,焦虑型依恋者和回避型依恋者都具有相应的价值,提醒群体内的其他成员注意危险,或率先采取行动。最近的其他研究表明,在多位家长的共同抚育下长大的、具有安全型依恋人格的孩子,更擅于从他人的角度考虑问题,这与赫迪在著作中阐述的观点一致。[245] 安全型依恋会触发"适应性级联",研究人员指出:如果你认识到感到沮丧是正常的,那么你就能更加轻松地应对参加标准化测试带来的压力。9个月大时表露出安全型依恋迹象的孩子,在

11 岁时参加的标准化测试中得分更高。我们似乎也将自己的依恋类型转移到了智能手机上：社交焦虑型的人如果没有了手机，会感觉自己仿佛赤身裸体一般；社交回避型的人则想要关闭铃声，从而屏蔽一切沟通。

认知老化和社交网络

随着年龄的增长，我们的行动越来越迟缓，大脑的反应速度也越来越慢。这算不上什么新闻，然而令人惊讶的是，认知能力的下降不只是老年人的问题。我们的认知能力在 20 多岁时就开始缓慢下降，那时的我们正当盛年；而当我们接近并超过 60 岁时，认知能力会加速下降。但并不是每个人都以相同的方式变老。与那些久坐不动且有健康问题的人相比，坚持锻炼且身体健康的人能更好地保持他们的认知能力。此外，一些生活经验也可以帮助我们减缓认知能力的衰退。其中最重要的是拥有强大的社交网络。

认知能力下降是衰老的自然组成部分。就像花白的头发和布满皱纹的皮肤一样，我们的记忆力和推理能力的衰退是变老的必然结果。而且，"痴呆症"和"阿尔茨海默病"这两种病理性疾病更有可能发生在老年时期，但它们其实是大脑潜在疾病的结果。然而，即使是由阿尔茨海默病引起的认知障碍，也可以通过强大的友情、亲情网络来减轻。

由美国国家老龄化研究所资助的"拉什大学记忆与衰老项目"是有关阿尔茨海默病的最全面的研究之一，该项目的被试者全部来自芝加哥大都市区。[246] 在一项有关阿尔茨海默病患者的社会支持和认知功能的研究中，研究人员招募了89名没有阿尔茨海默病的老年人，并对他们进行了长期跟踪监测，直到他们去世。这些志愿者每年都要接受一系列的认知能力评估。他们还就自己社交网络的深度和广度接受了采访。他们去世后，研究人员解剖了他们的大脑。如研究者所料，被试者晚年认知衰退的程度与他们去世后大脑解剖所显示的病理水平密切相关；而被试者的社交网络规模则与认知障碍的减轻有关。那些拥有广泛社交关系的被试者表现出了较高的认知功能水平，尽管他们的大脑解剖结果显示为弥漫性脑病变。

这是一个不同寻常且充满希望的结论。脑部病理水平相同的人，其认知功能水平可能相差较大，这取决于他们的社会联结程度。有了朋友和家人的陪伴，即使是阿尔茨海默病的破坏，也可以得到一定程度的控制。

健康、长寿、快乐和认知功能都可以通过社会支持来维持和改善。握住所爱之人的手可以减轻焦虑。和朋友在一起攀登，山坡就不那么令人望而生畏。这些发现告诉我们，在人类的"主体世界"中，即我们的知觉世界中，充满了我们认为会关心我们的福祉且愿意为我们的努力提供帮助的人，这些期望会受到我们童年乃至成年时期的个人依恋经历的影响。作为一个物种，我们已经进化成了社会性动物。照顾我们的孩子是一项漫长而艰巨的任务，凭一己之力难以完成。作为社会性动物，我们看到的世界充满了社会参与的机会和成本。我们认为自己属于特定的群体，即我们的"内群体"；那些不属于"我们"的人，就是"外群体"成员。

第 8 章

认同：群体仇恨从何处来？

2017年8月11—12日，数百名"白人至上主义者"聚集在弗吉尼亚州的夏洛茨维尔，反对拆除纪念美国南方邦联将军罗伯特·E.李和托马斯·乔纳森·杰克逊（绰号"石墙"）的雕像。三K党、新纳粹组织和其他极右翼团体手持火炬，一边游行，一边反复高喊种族主义口号："你们不能取代我们。犹太人不能取代我们。"他们激动地挥舞着半自动步枪、邦联战旗和纳粹万字符标志。一名20岁的白人至上主义者驾车冲撞了一群反抗议人士，导致夏洛茨维尔32岁的希瑟·海耶身亡。

丹尼以及他认识的所有人都对此感到悲痛和震惊：这样的仇恨和暴力怎么会发生在他所热爱的社区里？在大约一个星期的时间里，丹尼把仇恨和暴力归咎于"外来者"，即那些从其他城镇或其他州来到夏洛茨维尔并试图挑起事端的人，以此来减轻自己受到的伤害。但很快他发现，这种自利性解释具有误导性。一周后，在艺术与科学学院主席和主任参加的院长会议上，弗吉尼亚大学非裔美国人和非洲研究中心主任黛博拉·麦克道尔在更广阔的背景下为丹尼深入解读了整个事件。她谈道，弗吉尼亚大学就是在种族主义的背景下创建、发展并繁荣至今的。她认为，我们不能如此轻易地将罪恶归咎于他人。罪恶一直存在且就在我们身边。

夏洛茨维尔的白人至上主义者游行，起因于市议会推出的一项拆除美国南方邦联将军雕像的提案。这些雕像是美国内战结束50多年后建造的，揭幕仪式当天，三K党在市中心举办了一场游行活动，队伍中的白人市民合唱了《基督精兵前进》。对于今天的夏洛茨维尔非裔美国居民来说，这些雕像意味着什么？在议会呼吁拆除这些雕像之前，丹尼从未问过自己这个问题。弗吉尼亚大学是由奴隶主托马斯·杰斐逊创办的，它的建造是奴隶劳作的结果，此后多年，学生都将他们的奴仆带到大学来为他们服务。这些被奴役者曾经在这里生活，死后又被埋在了这里。但是在2017年，在这所大学的校园里，有关他们的一切都无迹可寻。如今，这种不被承认的情况之所以发生了变化，正是由于2017年夏天的那起事件。黛博拉·麦克道尔的话点醒了丹尼，使他意识到种族主义的恶劣言论，也像李和杰克逊的雕像一样，隐藏在他所在社区的各个角落。

偏执的另一面是"利他主义"。这是需求的一个分支，"我们要照顾好自己"，因为只有这么多东西可供分配。[247]"内群体"与"外群体"之别，"我的部落"与"其他人"之分，这些对比不仅是合作和利他主义的基础，也是偏见与暴力的由来。毫无疑问，人类是一个社会性物种。我们不能独自哺育和抚养自己的孩子，因此，我们需要社群来确保孩子的生存。出于纯粹的生物学原因，比如繁殖速度和孩子成熟到能够自给自足所需要的时间，仅凭个人力量抚养下一代是无法做到的。但如果资源稀缺，我们可能需要先照顾好自己，而不是慷慨地对待他人。那么，我们如何定义"外群体"，即那些我们认为不值得寄予利他之心并提供社会支持的人？我们将"他们"与"我们"进行对比。"他们"这样做，而"我们"那样做。心理学文献将这种对立模式称为"狭隘的利他主义"，并指出对外群体的侵略性和对内群体的合作性可能是在人们身上同时进化出来的。[248] 信守"照顾好自己"的准则往往会导向"不必照顾他人"的推论，这种推论基于这样一个假设：无条件的利他主义会让一个人陷入贫困或饥饿。根据这个假设，如果你不想将一切都施与他人，就需要选择你所要支持的对象。出于保护有限资源的需要，人们会在他们所属的社会内群体中施行一套等级制度，并期望群体中产生"互惠利他主义"行为。这类群体一般包含家庭、社区、教派、国家和种族。

这种"内外有别"的群体作用方式是公民生活的基本共识。我们生活在人际关系的网络之中，因此人们会为了共同利益而做出牺牲。我们界定"英雄主义"的方式之一，就是以社区、宗教或国家的名义置个人生命于危险之中。通常来说，这些英雄之举是为了对抗以某种形式存在的"门口的野蛮人"，即那些对我们所热爱的"内群体"造成威胁的、令人嗤之以鼻的"外群体"。

群际冲突是历史发展的动力之一，思考这些冲突为人类带来的深重灾难，会让人不寒而栗。关于群际暴力冲突的早期证据可以追溯到1万年前，在肯尼亚的一个湖泊附近，研究人员发现了20多具被屠杀的死难者遗骸。由此我们可以想象，这类冲突的历史远比化石记录告诉我们的要久远得多。[249] 仅在20世纪，就有超过2.3亿人死于战争、种族灭绝或其他形式的群际冲突。[250] 新闻事实无情地证明，群际冲突亦具有时代特征。2002—2011年间，全球范围内发生了104 000起恐怖主义事件。[251] 根据"南方贫困法律中心"（SPLC）的统计，截至2018年，有超过1 000个仇恨群体在美国开展活动。"外群化"是奴役和种族灭绝的重要诱因，无论是在德国、美国，还是在卢旺达；它也催生了"本土主义"，造成了英国脱欧、夏洛茨维尔的白人至上主义者集会以及21世纪前10年控制巴西、波兰等多国选举的极右势力复苏。但是，确定某人是属于你的"内群体"还是属于某个"外群体"，不仅取决于你个人对他们的看法，还取决于你在个人所处的社会化世界中如何看待他们。对"内/外群体"的身份认同是一个知觉问题。[①]

群体内外成员如何影响我们看待事物的方式

1951年11月一个寒冷的星期六，普林斯顿老虎队主场迎战达特茅斯印第安人队，这场橄榄球比赛后来成为体育及心理学研究的重要历史资料。这是两支球队在该赛季的最后一场比赛。在那之前，普林斯顿老虎队一直保持着不败的战绩。球队的领军人物是刚刚登上《时代》杂志封面的全美最佳中卫迪克·卡兹梅尔，他后来赢得了大学橄榄球运动员的最高个人荣誉——"海兹曼奖"。

从开球的那一刻起，这就是一场残酷的比赛。判罚的哨声频繁

---

① 在本章中，我们使用"身份认同"一词来指代"社会身份认同"。当然，从广义上讲，"身份认同"与一个人的个性、职业、好恶等因素相关。

响起，罚球标记遍布整个球场。在第二节比赛中，明星球员卡兹梅尔因为被撞坏了鼻子而被迫离场。到了第三节，达特茅斯队的一名球员因腿部骨折而被带离场地。最终，普林斯顿以13∶0的比分获胜，更令人印象深刻的是，两队的犯规处罚加起来超过了100码[①]。

论战随即爆发。[252]两校的学生媒体接连指责对方球队战术肮脏。《普林斯顿日报》刊文称，从未见过如此"恶心的表演"，并继续指出，"责任主要应该由达特茅斯方面承担"。《达特茅斯报》则回击称，《普林斯顿日报》谴责的"同一种橄榄球比赛战术"，即粗暴对待对方最好的队员，"被老虎队运用得相当自如"。这场比赛宛如一场激烈的殴斗，但最先挑起这场恶战的究竟是谁呢？

这些相互指责曾经是(现在仍然是)观赏性体育运动的典型争论手段。对于分别来自达特茅斯学院和普林斯顿大学的心理学家阿尔伯特·哈斯托夫和哈德利·坎特里尔来说，这是一个研究"知觉中的冲突"(以及"冲突中的知觉")的机会。比赛结束一周后，研究人员对两校心理学专业的学生进行了问卷调查。大多数普林斯顿学生认为在比赛中先动粗的是达特茅斯队，而大多数达特茅斯学生则认为双方都有责任。为了避免偏见或记忆错误，研究人员随后向两所学校的学生群体展示了真实的比赛影像，在观影过程中，学生记录了比赛过程中的违规行为和其他印象深刻的场面。在普林斯顿大学的学生眼中，达特茅斯队的犯规次数是自己球队的两倍。与此同时，达特茅斯学院的学生则认为，他们球队的犯规次数只有普林斯顿学生记录数据的1/2。而且，达特茅斯的球迷认为，大多数的判罚都是

---

① 1码≈0.91米。——编者注

裁判用来保护未来的"海兹曼杯"得主卡兹梅尔的一种手段。

这是怎么回事呢？在哈斯托夫和坎特里尔看来，认为是对方而不是自己的球队犯规更多，这种偏见反映了一个事实，即双方从来没有体验过完全相同的客观"事物"，而是透过各自的愿望及视角来看待同一事件。他们给出的结论是："对于不同的人来说，相同的'事物'并不相同，不管该'事物'是足球比赛、总统候选人、共产主义还是菠菜。"[253] 一个事件（运动或其他）带来的体验，只有体验者才能知晓；从微观层面来看，不存在完全客观的态度。我们关注那些对我们来说非常重要的事情，如果你是达特茅斯队的球迷，你就会更加留意普林斯顿队的犯规和达特茅斯队的成功，反之亦然。如此一来，你会觉得自己对一次冲突（无论是体育比赛还是其他方面）的感知是对现实的一种综合，甚至客观的思考。哈斯托夫和坎特里尔精辟地阐述了自己的看法："简而言之，这些数据表明'比赛'并非一种其本身就独立存在的、人们仅通过'观察'就知道它'在那里'的客观'事物'。对一个人来说，'比赛''存在'且能够被他体验到的前提，是某些事件就其个人目的而言具有某种意义。一个人会在其所属社会环境的背景下，站在以自我为中心的角度，从环境中发生的所有事件中选取那些对他有意义的事件。"[254] 用本书的方式来说：你所看到的并非世界本身，而是世界在你眼中的样子。这里所定义的"你"，不仅取决于你的身体和你所处的情绪状态，还取决于你所属的社会群体。只有那些与你个人以及你所属的社会群体最为相关的事物，才会引起你的关注。

达特茅斯学院与普林斯顿大学的这项合作研究，标志着一种目前仍在进行的、极具启发性的研究的开始，即现在的"动机性推理"。这种研究的主要观点是，知觉与思维发生在一个充满偏见、情感、欲望、信念，以及其他相关问题的精神世界之中。耶鲁大学法学教授丹·卡汉指出，尽管我们可能会认为，感官知觉——比如观看一场足球比赛——独立于我们脑海中盘旋的不相关的想法和感受，但事实并非如此。相反，这些想法创造了以特定方式看世界的动机。关键在于，卡汉所说的并非传统意义上的"动机"。"一般意义上的'动机'指的是有意识的目标或者行动的理由，放在这里是不合适的，且可能引起混乱。"他说，"(观看达特茅斯与普林斯顿的橄榄球比赛的)学生想要体验对自己所在机构的支持，但他们没有将其视为看待他们所见之事的有意识的原因。他们并不知道（至少我们可以这么认为；人们需要一个精巧的实验设计来确定这一点）这样做会让他们的知觉出现偏差。"[255] 简单说就是并非"所见即所信"，而是所信即所见。

"动机性推理"有助于解释为什么人们——尤其是政治党派的拥趸——似乎生活在不同的世界里，看着相同的事物却感知到了完全不同的现实。在最近的一项实验中，卡汉及其同事发现，简单来说，人们很难对与其政治观点相冲突的事实进行推理。[256] 这项实验的被试者为1 111名来自不同背景的美国成年人，实验者要求他们对来自虚假治疗研究的数据进行评估。（比如，被试者可能被要求根据反映受试者数量的数据来回答疫苗是否能有效预防疾病，受试者按是否接种疫苗进行分类，再各自细分为感染或未感染疾病两种情况。）研究人员还对被试者的政治倾向和数学推理能力进行评估。结果显示，通过对数学能力的评估可以预测人们在测试问题上的表现。考虑到解决这些问题需要相当高的数学技能，这一结果并不令人惊讶。但这种具有高超数学能力的优势只体现在与政治无关的问题上,比如用数据计算护肤霜在治疗干性皮肤方面的有效性。当类似问题与人们既存的坚定政治信仰有关时,比如用数据计算禁止私藏枪支对减少犯罪的有效性,假如数据与他们业已形成的世界观发生冲突,被试者似乎会将他们的数学推理能力弃置一旁。例如,如果向控枪支持者提供的数据显示,禁止持有手枪并不能减少犯罪,那么他们的测试分数就会大幅下降,他们的数学能力对于他们能否成功解决问题将不再具有预测性。当数据证实禁止持有手枪可以有效地减少犯罪时,持枪权利支持者身上也出现了类似的茫然状况。相反,当问题的答案与被试者的政治倾向一致时,他们的整体表现会迅速回升,数学技能也能很好地预测解题成功率。数学能力较弱的党派支持者在与其政治倾向相符的问题上得出正确答案的可能性提高了25%;而对于数学能力较强的人来说,当答案与其观点相符时,他们得出正确答案的可能性令人震惊地提高了45%。记者埃兹拉·克莱因在一篇题为《政治如何使我们变得愚蠢》的文章中对这项研究进行了报道。[257]他在这篇标题极为贴切的文章中指出:"当正确解题意味着背叛他们的政治本能时,更擅长数学的党派支持者们的解题正确率有所下降。"他继续说道:"人们不是为了得出正确答案而进行推理,他们进行推理只是为了得到他们想要的正确答案。"这一发现与克莱因所描述的"更多信息假说"相悖。美国公民对该假说的内容或许尤为认可,即如果人们在一些热点问题上拥有足够多的数据,那么他们就会看到理性的光芒,并与事实保持一致;如果人们对一个问题进行了足够多的研究与交流,那么积累起来的证据就足以影响舆论和政策。虽然令人钦佩,但认为所有人都需要改变他们的想法,这恰恰显示出某种不谙世事的天真假设，即事实本身就是最好的说明。卡汉及其同事的研究表明，我们会对事实进行过滤，并寻找与我们已经相信的内容相符的那部分事实。卡汉将这一命题称为"身份保护认知"，即我们能够轻而易举地对那些肯定我们身份的事情进行推理，并避免思考那些与我们所在社会群体的价值取向相冲突的观念。举例来说，假如你成长并一直生活在一个信奉宗教激进主义的社区里，声明自己有其他信仰就意味着要被逐出群体，那么你很可能会为了保持良好的社会地位而遵循原有信仰。从对手的角度看问题并非易事，从卡汉的研究可以看出，当我们试图用那些与我们的信念相冲突的事实进行推理时，我们的认知能力就会下降。思维（即使是做数学题）不是孤立的过程，它的发生依托于我们的个人思想和群体身份认同。"身份保护认知"蕴含着深刻的意义，我们以推理和知觉为手段，来保护自我价值感，并维护我们与之结盟的那些组织的尊严，无论这些组织是教育性的、宗教性的、体育性的、公民性的，还是其他性质的。

在本书的引言部分，我们曾这样提到美国政治的两极分化："一个政治人物在一些人眼里可能是美国价值观的捍卫者，而在另一些人眼中或许只是酒囊饭袋。身处同一个世界的理性人士之间，怎么会产生如此不同的看法呢？"我们猜想许多读者可能会反对这个国家的人们生活在不同世界的观点。不同政治信仰的人从有不同政治倾向的新闻来源（如微软全国广播公司、福克斯新闻频道）获取信息，并因此对世界上正在发生的事情有了不同的解读。这是真的，但关于"动机性推理"的研究表明，即使面对相同的信息，人们的理解也不尽相同。当面对威胁我们社会身份认同的事情时，我们会变得茫然无措、神情恍惚，而且无法发挥我们的全部能力。

"异族"效应和"去个体化"

与政治派别、国籍或宗教不同，许多人认为"种族"是由基因决定的生物学事实。然而，生物学家甚至从未使用过"种族"这个术语。例如，他们不会将土拨鼠细分为不同的种族。生物学家使用"亚种"这个术语来描述一个物种的不同群体因长时间完全相互隔离而可能产生的基因分化。这样的亚种分化在黑猩猩身上发生了四五次。在前面的章节中我们曾经谈到，黑猩猩很少去离家几英里以外的地方游荡。考虑到它们喜欢"待在家里"的天性，这些猿类的不同群体一旦分开一段距离，它们就会保持这种彼此分离的状态。基因突变在这些互相隔绝的群体中独立地积累，使它们变得非常不同，并最终被生物学家称为不同的"亚种"。

与黑猩猩不同的是，人类一直是且至今仍是一个不断迁徙的物种。所有的游牧民族在迁徙的过程中都会间歇性地遇到其他群体并发生民族融合。这种四处游荡的迁徙方式使我们的祖先始终与他处的人类群体保持着某种联系。正因如此，到了今天，人与人之间并没有明显的基因差异，也没有理由被称为不同的亚种或种族。

近年来，追溯一个人的祖先大体来源于哪个区域变成了一件相当容易的事情。你所要做的就是将少量的唾液送到商业实验室进行基因分析，从而大致了解祖先的发源地。（需要特别注意的是，这些公司会将你的基因数据与它们的参考库进行比较，因此它们的参考库不能完全代表全球人群。[258]）丹尼体验了这项服务，并发现他的近祖来自英格兰、爱尔兰、德国和斯堪的纳维亚。这是否意味着来自这些不同国家的人属于不同的种族？当然不是。在一个地方形成的小的良性突变将缓慢地分布到世界各地，因此可以揭示出你的近祖曾居住在哪里。由近祖起源地的不同而产生的遗传差异是微乎其微的，并且没有明确的基因离散性状边界可以支持生物学意义上的"种族"概念。

人们的外貌——特别是皮肤颜色——通常被认为是种族的象征。肤色是人类的迁徙，以及我们祖先所经过的纬度带来的另一个结果。如果几代人都生活在赤道附近阳光充足的地方，比如热带地区，那么黑色的皮肤就是一种适应性特征。黑色皮肤可以抵御紫外线，而紫外线会破坏叶酸并导致出生缺陷。但是如果你迁离赤道地区，黑色皮肤就会变得不利，因为你需要一些阳光来合成维生素D。"欧洲人"呈现出白色皮肤是一个相对较晚的现象，因为直到大约13 000年前，通往欧洲北部高纬地区的道路一直被冰川阻断。最后的冰川期使得这片土地不适合人类居住，直到大约1万年前，冰川完全消退，人们才迁徙到北欧。皮肤黝黑的人很容易患上佝偻病，这是一种由于缺乏维生素D而引起的骨骼病变。皮肤暴露在阳光下可以促进维生素D的合成，在光照有限的高纬度地区，与产生维生素D有关的选择压力使得北欧人普遍皮肤白皙。然而，白色皮肤的基因在100多万年前的非洲直立人身上就已经进化出来了。[259]事实上，我们的阿法南方古猿祖先——生活在300多万年前的"露西"——很可能像今天的黑猩猩一样，拥有覆盖着毛发的白色皮肤。如果给一只黑猩猩剃毛，你会发现它毛发下的皮肤是白色的。失去毛发的直立人在选择压力下逐渐拥有了黑色的皮肤，以防止皮肤受到过多紫外线的伤害。肤色基因比我们的物种更加古老，我们的近祖向极高纬度地区的迁徙决定了它们对表达方式的选择。

肤色不能作为划分种族类别的依据。种族是一种建立在人们信念之上的社会建构，没有任何生物学基础。作为一种社会建构，种族与纸币的价值或宗教主张的真实性颇为相似：人们在不同程度上认为它们是真实存在的，却找不到科学依据。不过，有关"动机性推理"的研究结果告诉我们，无论出于何种原因，种族概念的科学性对你而言都十分重要，因此你很可能会认为从科学的角度来说，种族就是真实存在的，即使你读了本书的相关章节。

然而，无论来源或真实性如何，信念对相信它们的人来说都是真实的，而且正如我们在本书中所论述的那样，它们会切实地影响我们的知觉。比如，当我们遇到陌生人时，几乎所有人都会根据自己的社会化方式，用种族的观念将对方归为黑人、白人、黄种人，等等。这些种族类别会不由自主地出现在我们的脑海中，并导向了我们接下来要谈到的异族效应。

斯坦福大学心理学家珍妮弗·埃伯哈特认为，她对种族偏见的兴趣可以追溯到小学时的一段至关重要的转学经历。她曾居住在克利夫兰的一个全是黑人的社区，在那里她所有的重要社会关系都与黑人有关。后来，她的父母决定，他们一家要搬到城郊一个以白人为主的住宅区。搬家之后，她交了很多白人朋友，但有一件事打破了她内心的安稳：她发现自己很难将这些白人朋友区分开来。怎么会这样呢？

"我们的大脑会适应我们周围的环境，"她在最近的一次采访中解释道[260]，"所以对我来说，我很擅长辨认黑人面孔，能够对他们进行区分。但后来我搬到了一个不同的社区，突然之间，我周围都是白人，我以前从未和他们有过真正意义上的互动。虽然我想在这个新的社区交朋友，但我真的分不清他们的脸。我曾经生活在种族隔离的空间里。我能适应不同的特征，比如（不同深浅的）肤色。所以我在那种环境下进行了大量的练习，然后我的大脑才能够（根据头发和眼睛的颜色）进行分类。"

后来，埃伯哈特意识到，这是关于异族效应的一个很好的例子，即出自单一种族背景的人很难记住其他种族的人的面孔，也很难看出他们个人相貌上的细微差异，也就是所谓的"个性化"。（无独有偶，将人们视为独立的个体是与他人共情的捷径。[261]）异族效应这一说法本身存在一定的问题，究其实质，它是影响我们体验世界方式的"外群体效应"的一种类型。

大多数关于异族效应的研究都涉及对面部识别能力的评估。令研究者感兴趣的问题是：如果你曾见过某人一次，那么当你再次遇到这个人时，你是否会认出他是你以前见过的人？这些研究的基本结论是，与外群体成员相比，你更擅长识别自己所在群体的人。

就像我们在引言中简要概述的那样，这些社会化效应很早就开始显露端倪。在3个月大的时候，在以自己种族为主的社会环境中长大的婴儿，更喜欢看向自己所在群体的人。[262]异族效应可能是在社会化过程中生成的最极端的产物。谢菲尔德大学的戴维·J. 凯利等人对这一过程进行了研究，并提出了"知觉窄化假说"，他们发现，婴儿会适应他们生活中最常见的人的面孔。[263]"窄化"是一个重要的术语。一项实验发现，3个月大的白人婴儿对非洲人、白种人和黄

第8章 认同：群体仇恨从何处来？ 179

种人的面孔具有相同的识别能力；等到9个月大的时候，他们就只能识别出白种人的面孔。[264]但重要的是，造成改变的关键因素是个人经历而非种族。在另一项研究中，人们发现被欧洲白人父母收养的韩国儿童与对照组的法国白人儿童有着相同的面部识别模式。[265]根据这一模式，研究人员对多种族儿童进行了研究，发现儿童异族效应最可能发生在他们未接触过的群体身上。[266]在脑成像任务中，相比于那些在童年时期很少接触外群体的人，童年时期与外群体有更多互动的人对各种外群体面孔的加工过程更为相似。[267]所有这些研究都表明，当人们说出"你们看起来都一样"之类的话时，他们是在陈述自己的经历。他们的知觉因其生活经历而发生窄化，因此，相比于陪伴他们长大的那些人，他们不太容易将其他群体成员视为一个个独立的个体。[268]

将去个体化与关于"种族"不可磨灭的刻板印象和文化假设混合在一起，就会产生种族偏见，人们会根据从文化中获得的关于"他们是什么样的人"的信念对他人进行自动分类。埃伯哈特多次证明种族刻板印象对知觉所造成的影响。例如，在一项研究中，白人大学生在看过有黑人面孔的照片后，能更快地识别出武器或与犯罪有关的物品的图像。[269]正如引言中提到的，在这项研究中，白人学生要么观看了快速播放的由多种族男性面孔组成的视频，要么观看只有黑人男性面孔的视频，而在后一种情形下，他们能够更快地在类似电视雪花屏的灰色背景上识别出与犯罪有关的物品的轮廓，比如一把枪或者刀。

消除这些偏见的关键是让人们减少无意识的思考。埃伯哈特与邻里社交平台（Nextdoor）的合作就是一个很好的例子。Nextdoor是一个面向地区或小型社区的免费邻里社交平台，覆盖了全美19万个社区（可以看作用个人实际地址进行注册的"脸书"）。[270] 虽然该平台主要用于解决邻里之间的事情，比如寻找一个好的管道工或一只走失的猫咪，但该网站上与"可疑黑人"相关帖子的发布率也很高。这家初创公司希望解决这类"种族形象定性"问题，于是他们与埃伯哈特交流了这一想法。自2016年2月以来，埃伯哈特一直是该公司的顾问。按照她的建议，平台修改了用户界面，要求用户对他们的猜测进行更加具体的说明。"在'犯罪与安全'这一项，你不能简单地写'这有个黑人，可疑'，你必须指出一些确实可疑的行为，"埃伯哈特说，"然后详细描述那个人长什么样，这样就不会把所有黑人都归入同一类别。"在增加了对邻里摩擦的具体描述之后，该平台的种族形象定性报告下降了75%。此后，平台增加了一个在线教育入口，让人们了解何谓偏见，以及种族形象定性与偏见之间的关系。同时，平台增加了"善意提醒"功能，可以自动提醒用户，如果他们即将发布一些可能冒犯或伤害他人的言论，是否要继续编辑他们的帖子。这两个新增功能都是埃伯哈特推荐的。[271]

幸运的是，我们对其他种族面孔的糟糕记忆能力似乎是可塑的。通过训练，人们可以更好地识别其他种族的面孔。在一项具有代表性的训练研究中，研究人员向白人被试者展示了一组非常相似的异族面孔图像，其中包括西班牙语裔美国人或非裔美国人。其中一些面孔被赋予了独特的名字，另一些则没有。在学习识别那些提供姓名的图像时，被试者需要密切注意个人的面部特征，因此大大降低了异族效应的影响。[272] 异族效应似乎也具有可塑性，取决于你的自我认同。在视觉搜索任务中，与被灌输了黑人身份的黑白混血种人相比，被灌输了白人身份的黑白混血种人识别出白人面孔的速度更快。[273]

但是，我们需要不断地提醒自己，这些关于异族效应的研究是以人们对种族的"信念"为基础的。"种族"是一种纯粹的社会建构，与"单一民族国家"的概念一样，"种族"不在自然界的范畴之内。而且，就像国界在历史上会发生变化一样，比如得克萨斯州过去曾是墨西哥的一部分，种族之间的界限也会发生变化，比如在20世纪初的美国，来自意大利南部的人被认为是黑人。[274]从本质上讲，黑人与白人之间的界限并不比美国与加拿大之间的分界线更加清晰。然而，我们对种族以及其他群体身份的信念，影响了我们的社会知觉。我们看到的并非世界本身，而是世界在我们眼中的样子。

"他者化"会导致具身化共情盲点的产生。正如我们在前文中所讨论的，脑成像结果显示，在某种程度上，人们确实会对他人的痛苦感同身受。不过，这种倾向具有显著的个体差异。例如，具有高度认知共情能力的人，即那些经常想象他人感受的人，可能会对别人被针扎的视频产生较为强烈的反应。[275]在一个经典的例子中，当被试者观看这类视频时，他们的神经系统似乎在模拟自己的皮肤被针刺穿时的感觉体验。但一组意大利研究人员最近发现，人们不会对外群体成员产生同样的共情反应。在这项研究中，实验者向生活在意大利的本土白人被试和非洲裔黑人被试播放了用针或棉签扎手臂的视频。当同种族的人手臂被扎时，会引发被试者的疼痛共情反应，他们的手部肌肉群被激活，就好像疼痛发生在他们身上一样。而当不同种族的人手臂被扎时，这种共情反应并没有发生。此外，这种"特定于内群体的疼痛体现"效应与一项常见的隐性种族偏见测试的得分有关[276]，这表明人们对外群体的偏见越少，就越能感受到外群体的痛苦①。[277]

这并不是说人们会产生共情反应，然后抑制它，而是更多地反映出了人们对外群体痛苦的冷漠态度。此外，共情反应的产生或缺乏不只与种族因素有关。当主队球迷看到客队球迷遭到电击时也会表现出相同的冷漠。[278] 外群体成员所受到的伤害并非你的主观意愿，但是当不好的事情发生在他们身上时，你并不会去关注它，或者自动获得与他们正在经历的事情相关的具身感受。就像 20 世纪 50 年代达特茅斯对普林斯顿的那场橄榄球赛一样，我们会注意什么、忽视什么、记住或者忘记什么，取决于我们属于或不属于哪个群体。

会聚人心

当人们被"他者化"时，即被视为或被感知为外群体的一部分时，他们与我们在心理上是相互隔绝的。从某种意义上说，他们被"物化"了，也就是被当成了客体而非主体。

过多地思考群体认同对我们看待世界及他人的方式所产生的多方面影响，可能会令人略感沮丧。但具有讽刺意味的是（或许也是

---

① 隐性社会偏见是无意识的。就像异族效应一样，一个人在成长过程中不可避免地会形成隐性社会偏见。显性社会偏见是一个人有意识持有的信念，通常与自己所在社会群体相对于其他群体的优越性有关。关于显性偏见应受谴责的道德直觉是明确的：一个人应该为公开的、蓄意的歧视行为承担责任。但由隐性偏见引起的不公正行为是否应该受到谴责尚无定论。谢菲尔德大学哲学家朱尔斯·霍尔罗伊德认为，在这种情况下，不仅个人应该承担责任，个人所属机构及其成长所处的文化环境都承担一定的责任。

希望所在），群体认同是可以改变的，且有时改变速度很快。研究表明，向两组儿童提供不同颜色的T恤衫（一组蓝色，一组红色）即可引起儿童对内群体成员的喜欢和对外群体成员的厌恶。[279] 想象力也发挥着重要作用：研究表明，当人们被要求真切地想象帮助他人的情景时，他们会更有动力去真正帮助他人。[280] 此外，当人们真切地想象被污名化群体的内心感受时，即设身处地为他们着想，会引发更强烈的共情。[281]

这些来自实验室的结论证实了小说的社会力量。例如，斯托夫人的《汤姆叔叔的小屋》有力地推动了废奴运动的发展；厄普顿·辛克莱的《屠场》揭示了美国工业社会底层移民的工作状况。正如历史学家戴维·S. 雷诺兹所指出的那样，斯托夫人以其精湛的叙事手法戳穿了美国南方关于奴隶制美德的传统假设，即被奴役的非洲人被他们的奴隶主视若家人。[282] 名为汤姆的奴隶被卖到了河的下游，远离了他的妻子和儿女。最终，他被小说中最主要的反派角色——奴隶主西蒙·莱格利买下。莱格利命令汤姆去殴打一个女奴，被汤姆拒绝了。

斯托夫人在新英格兰的一个宗教家庭长大，她的哥哥成为19世纪最著名的传教士之一，她知道她的读者是基督徒，所以她将汤姆塑造成了一个"高尚的受难者"，以此唤起人们对他个人经历的体恤与同情——与家人分离，忍受着毒打，在死亡威胁面前也绝不放弃自身信仰或对周围人施以暴力。小说以莱格利杀死汤姆为结局，以作者对基督教思想的宣扬收尾。

这部小说最初连载于《国家时代》杂志，一经问世便引起了轰动。后结集成册，以两卷本的形式出版，并且大获成功，仅第一周就卖出了1万册。发行第一年,该书在美国的销量为30万册,在英国则达到了100万册。[283] 想象一下,如此庞大的读者群体会有怎样的阅读体验:这本小说向那些曾对奴隶制之恶怀有抽象认识的人生动地描述了被奴役者的心理体验,并在叙事过程中放大了一个外群体成员的基督徒美德。亚瑟·格伦伯格在"体验式阅读"项目中对这部小说进行了个案研究,他指出,对事物的感官体验进行描述,从而让读者获得具象、可感的理解,是阐明真相的最佳方式。亚伯拉罕·林肯(其命运与斯托夫人息息相关)对此深有感触:"塑造公众情绪的人比制定法令的人更有深度。"[284] 也许正因如此,根据未经证实的广泛报道,林肯在白宫接见斯托夫人时说:"那么,您就是引发这场伟大战争的那个小女子吧?"[285]

人们因共同的目标而联结

想象一下这样的人生经历:出生在一个伟大帝国的一座港口城市。随着帝国的分崩离析,家乡被外国军队占领(不是一次,是两次),城市里3/4的建筑被夷为平地。后来,与国内兴起的民族主义进行斗争,为了求学而漂洋过海,在那里目睹了极端的贫困,又被当成外国间谍而再次受到迫害。然后,发表了社会心理学史上最具深远影响的一系列研究成果。

这就是穆扎弗·谢里夫的生平故事,他出生在一个富裕的家庭,在明媚耀眼的土耳其海岸边长大,其家族势力遍布整个伊兹密尔及其周边地区。在他出生之时,奥斯曼帝国正面临瓦解。他见证了土耳其共和国的建立。他在大萧条时期去了美国,就读于哈佛大学。

后来他去德国听了著名格式塔心理学家沃尔夫冈·柯勒的演讲，适逢德国国家社会主义的兴起。获得博士学位后，他回到土耳其，成为一名激进的学者，抵制针对犹太学生的歧视行为，并撰写了一本反对种族主义的著作。1944年，他因与土耳其共产党有联系而被支持纳粹的土耳其政府拘留了4个星期，之后他再次前往美国，开始了余生的流亡。7年之后，美国联邦调查局（FBI）对他进行了调查。[286]

正是这种与众不同的人生经历，让谢里夫有幸（或许是命中注定）了解到了社会冲突和群际冲突的多种表现形式。但是，这些冲突并非不可避免。根据社会形势，不同的群体可以团结起来。关于这一点，他给出了相关的证据。1953年，刚摆脱美国联邦调查局纠缠的谢里夫收到了来自洛克菲勒基金会的一笔巨额拨款，金额约为现在的25万美元。[287] 他的研究计划是将男孩集中到一个夏令营里，通过各种刺激和提示让他们互相对抗，最后再将他们聚在一起，以此证明群体认同的易变性。这是一项雄心勃勃的研究，但令人沮丧的是，实验初期的尝试均以失败告终。据报道，男孩们很快就发现了一些不同寻常的事情，例如一个男孩曾向工作人员询问餐厅天花板上挂着的麦克风的用途。[288] 问题的关键似乎在于，夏令营开始后不久，所有这些十一二岁的男孩就互相认识了。随后，他们被分开，这使孩子们感到非常惊慌，并怀疑"辅导员"——伪装成夏令营工作人员的研究人员——试图操纵他们。

然而，第三次实验取得了成功，并被写入教科书。这次实验是在俄克拉何马州的罗伯斯山洞州立公园内进行的，一名研究人员从俄克拉何马市的各个地方特别挑选了一些运动能力强、最具竞争意识的男孩。[289] 在这次实验中，孩子们在第一天是彼此分开的。然后，他们很快被分成了两个小组对抗，一组叫作"老鹰队"，另一组叫作"响尾蛇队"。在一场拔河比赛中，老鹰队失利后用火柴（可能是研究人员给他们的）烧毁了响尾蛇队的旗帜。然后是各种破坏行为，比如营地辅导员弄脏了响尾蛇队的营房，并让它看起来像是老鹰队干的；还有食物大战，房间里的成年人几乎没有进行阻止。在激起了两队间的强烈反感之后，对骂声不绝于耳，所有可能有竞争性的事物都引起了竞争，包括搭建帐篷。但谢里夫和他的团队在研究的最后阶段让两个队伍的男孩，在共同目标下团结在一起，不管他们之前忠于哪个队伍。大人们把石头堆在了位于山坡高处的水箱上，阻断了水的供应。这样就产生了一个亟待解决的问题，即疏通水源。仅凭一个甚至一组小男孩的力量无法解决这个问题，这迫使所有男孩联合起来将石头移走。此外，男孩还把他们的钱都凑在一起，以筹集足够的经费去看电影《金银岛》。这些实验结果符合谢里夫的现实冲突理论，即当存在对稀缺资源的竞争时，"我们"与"他们"的身份对立就会被激化。但当共同的障碍或共同的敌人出现时，发生冲突的各方就会联合起来。谢里夫将这些共同的目标称为"超常目标"。关于这一点，科幻小说中有一个经典的比喻：外星人来到地球，人类最终走向团结。我们可以将这种基于共同目标的团结一致看作对公民生活的一种反映。有充分的资料证明，在经历数次自然灾害之后，不同的城市和地区会团结起来，就像在美国墨西哥湾沿岸协助参与飓风、洪水等灾害救援工作的"卡津海军"(Cajun Navy)那样。（"卡津海军"是一个人员不固定的志愿者组织，大部分成员为男性船夫，目标是协助救援工作——这种行动也被称为"治安维持者救灾"[290]。）再想想 2001 年 8 月底，当时小布什的支持率约为

50%，而"9·11"恐怖袭击事件之后，随着反恐战争的爆发，这一比例飙升到了90%——这是有史以来最高的总统支持率，超过第二次世界大战结束时的杜鲁门。[291]

不过，这种团结中也蕴藏着风险：最强大的"超常目标"之一是设定一个共同的敌人，这在历史上往往会导致"非人化"。你或许会认为，"仇恨群体"的核心词是"仇恨"，但我们不应低估"群体"的力量：为了激发团结，你可能会选出替罪羊——移民、穷人、少数派教徒或少数族裔，外国人或者本国人，皆有可能——你会不加区分地看待该群体的所有成员，并认为他们都是相同的。你通过对他人的贬低而保证了你想要激发的团结。正因如此，对于全球变暖对人类造成的毁灭性影响，我们无法将这种全球性的威胁归咎于任何一个外部群体。我们的敌人就是我们自己。

社会身份认同与我们所属的群体，以及群体内的成员息息相关。

我们的身份认同范围通过层层相继的社会支持而向外延伸，从家庭、异亲、邻居、学校以及宗教，扩展到家园和文化。最终，每一个家园都以其独特的地理环境为根基。作为一种生态景观，地理环境为我们提供了依赖的特定手段。正如我们将在下一章中讨论的那样，地理环境强加给我们祖先的生活方式构成了文化差异的基础，直至今天，这些差异仍然存在。

第 9 章

文化适应：水稻文化与小麦文化

大约 30 年前，理查德·尼斯贝特对凶杀及其发生原因产生了兴趣。作为当时密歇根大学心理学专业的科研新秀，在得克萨斯西部长大的尼斯贝特对美国南部的历史以及该地区长久以来的暴力攻击倾向颇为好奇。他的研究动机既来自他的专业，也来自他的个人经历。他想用社会心理学工具研究文化，并以他成长时所处的文化环境为研究起点。在美国南部地区，暴力行为普遍存在且有广泛记载。早在 1878 年，记者就报道了美国南部比北部更加暴力的问题。即使在 21 世纪的今天，你在美国南方腹地被谋杀的可能性仍是北方地区的三倍。[292]

多年来，人们在美国南北部的暴力差异方面做出了多种解释，比如奴隶制的遗留问题、贫困率，甚至是较高的全年温度，等等。尼斯贝特知道，奴隶制并不是造成这种差异的全部原因，因为奴隶制度在棉花等经济作物生长良好的湿润平原地区最为普遍，而事实上，这些地区的凶杀率要低于南部山区或沙漠地区。更为复杂的是，问题似乎并不出在大城市。无论南部还是北部，城市暴力问题的严重程度大致相当，而南方小城镇的凶杀率则高于北方小城镇。此外，与北部地区相比，南方黑人参与凶杀类事件的可能性并不大，南方白人杀人的比例则高于北方白人。那么，南方白人到底怎么了？[293]

荣誉文化

尼斯贝特和他在伊利诺伊大学的同事多夫·科恩对美国联邦调查局的凶杀案记录进行了深入挖掘。这些日志提供了关于罪犯和受害者的人口统计数据，以及与犯罪背景或原因相关的信息。比如，某起凶杀案是属于交通过失、入室抢劫杀人，还是由争吵或婚外情引发的。研究团队将凶杀事件分成了两大类：一类是因某种形式的冒犯而引起的凶杀案，如三角恋或过往的恩怨；另一类是不涉及冒犯的凶杀案，比如与纵火或抢劫有关的案件。他们发现，与美国其他地区相比，南方白人死于前一类凶杀案的比例更高，死于其他凶杀案的情况则与其他地区大体相同。这种情况在南方小城镇体现得尤其明显，在这些地方，与冒犯相关的凶杀事件是其他地方的两倍多：在南部地区，每 10 万人中有 4.7 人死于这类凶杀案件；而在美国其他地区，相关比例为 10 万人中有 2.3 人。[294]

但是，仅凭人口统计数据并不足以得出完整的结论，因此，尼斯贝特和科恩在统计结果的基础上进行了一项后续实验，测试了来自两个地区的人们在如何应对冒犯方面是否存在差异。在实验过程中，研究人员有意安排了一场冲突，被试者对此毫不知情。实验者要求来自美国北方或南方地区的白人男性被试者将一张纸放在位于狭长走廊另一端的一张桌子上。当被试者穿过门厅时,一名他们不认识的演员径直穿过了他们即将经过的走廊,并开始整理文件柜。为了给被试者让路,这名演员只能关上文件柜的抽屉,等被试者通过后再重新打开。接着,当看到被试者走回来时,他砰地关上了文件柜的抽屉,向被试者走去,一边用肩膀撞向被试者,一边在擦肩而过时小声咒骂几句。两名观察者观看了整个互动过程,并对被试者的表情进行了打分,以评估他们被逗笑或被激怒的程度。不出所料,来自南方各州的被试者被撞之后显得更加愤怒。这一发现也得到了生理测量方面的证实。受到冒犯的南方被试者,其皮质醇和睾酮的上升幅度是北方被试者的两倍。此外,这些南方被试者进入北方的密歇根大学都是自主选择的结果。[295]

这些结果以及其他类似的研究结果表明,美国南部地区所尊崇的是美国乃至全世界范围内诸多"荣誉文化"中的一种。荣誉关系到韧性、名声和阳刚之气,任何对个人荣誉的冒犯都必将遭到迅速反击。其指导原则是:如果你不反击,就会失去在伙伴心目中的地位。各种形式的荣誉文化遍布世界各地,并贯穿整个世界历史,与荣誉有关的戏剧性情节已成为影视和文学作品的试金石。托尼·索普拉诺将冒犯自己女儿的人伤致残废的行为,无疑会让观众感到震惊。但是真实的历史事例可能更加残酷。在中世纪的西西里岛,如果妻子被发现不忠,根据法律,丈夫有义务将其杀死。[296] 日本封建时代的武士所遵守的准则同样残酷,但更加克己。该准则以决心、忠诚和为荣誉而死为标志,最为典型的例子就是"seppuku"这样的自杀仪式,即宁可切腹自尽也决不投降。[297] 旧时的美国西部是一个无法无天的地方，那里没有警察，因此需要边疆正义，怀亚特·厄普的复仇之旅就是一个例子，他杀死了带走他兄弟妻子的牛仔。在很多西部题材的影片中，"荣誉文化"表现为：当你无法依靠法律的时候，你必须跳过法律自行惩治。在美国贫民聚集的地区，情况也是如此，建立"街头规则"的本质是为了获取应有的"尊重"。[298] 对芝加哥和波士顿黑帮凶杀案的实证研究表明，报复、追求地位以及帮派的集体荣誉是凶杀事件的常见动因，而这些都是与荣誉相关的象征性行为。[299] 惹了我，你就得付出代价——这就是"报复"的规则。

最初，荣誉文化从何而来？尼斯贝特给出了一个带有争议性的解释，即文化产生于我们的祖先为了在他们赖以为生的环境中生存和繁荣下去而做出的适应性调整。从本质上讲，文化源于地理。

在本书中，我们曾反复提到，人口有流动的倾向。如果某地的生活不尽如人意，那就站起身来，迈开双腿，凭借持久的耐力，去往他处。就这样，人类走出了非洲，最终足迹遍布全球。每当人类到达一个宜居之地，都必须设法维持生计。第一次农业革命约始于12 000年前，自此以后，人类有了除狩猎和采集以外的其他生计选择，而这些选择取决于地理环境和气候条件。一些地方适合农耕，另一些地方适合放牧，还有一些地方适合捕鱼，等等。如果土地肥沃，适宜耕种，降雨也很充沛，种植农作物就是一个很好的选择。相反，如果地面是不可移动的岩石，那最好选择放牧，种植农作物将是一个失败的决定。

大多数依靠农业的生计方式得益于人们的协同合作，但他人的存在也会增加某些不当行为的发生风险，比如偷窃。在地理和气候所提供的农业发展机会的基础上，一个地区逐渐形成了既能使社会合作的利益最大化，也能防止他人不法行为的社会生活方式。这些为适应特定地域环境而产生的社会规范，构成了特定的文化世界观，决定了人们观察世界和他人的价值标准。不同的地理景观支持不同类型的生计方式，这些生计方式为社会关系设置了文化规范和准则，所有这些都成为人们思维与感知模式的构成要素。这些文化世界观将世代相传，即使遥远的后代已经放弃了这些世界观赖以形成的生活方式。正如俗语所说："你可以把这个男孩带出乡村，但是你带不走他的乡村气息。"有些文化，比如那些以水稻为根基的文化，使人们倾向于相互依赖——你必须和自己的邻居合作，才能拥有下一次收获。而另外一些文化则使人们倾向于独立——你也可以自己养羊，但你需要留意你的邻居，确保他们不会偷走你的牲畜。

历史学家大卫·哈克特·费舍尔在《阿尔比恩的种子》一书中指出，美国文化的源头可以追溯到在美国不同地方定居的 4 个不同的英国群体，分别是：在东北部落地生根的清教徒、移民到弗吉尼亚州的英格兰南部骑士、前往中大西洋地区和中西部的贵格会教徒，以及定居于偏远西部和南部地区的苏格兰-爱尔兰人①。[300] 其中，苏格兰-爱尔兰人群体是理解"荣誉"的关键。这些人来到美国，进入了当时美国的边远地区。在家乡时，这些苏格兰-爱尔兰人曾以放牧为生，与种植业农民相比，牧民尤其容易遭受盗窃的困扰。"无论你在哪里，只要你的生计因为掠夺而瞬间遭到破坏，且身边没有警察，你就会拥有一种荣誉文化。"尼斯贝特向我们解释道[301]，"世界

---

① 苏格兰-爱尔兰人（Scotch-Irish）是 18 世纪和 19 世纪从北爱尔兰的阿尔斯特移民到美国的新教徒，他们的祖先在 17 世纪从苏格兰低地和英格兰北部移民到爱尔兰。——译者注

上的游牧文化就是这样产生的。"如果你以耕地为生，就不太可能发生同样的事情。在夜里偷走一片地的粮食要比偷一只山羊困难得多。与其他文化一样，荣誉文化也是社会适应的最终产物。当人们容易失窃却不能或不愿报警时，荣誉文化就会在人们心中生根。[302] 苏格兰和爱尔兰有着相似的地理环境和气候条件，很适合放牧，但岩石过多，不宜广泛耕种。因此，苏格兰人和爱尔兰人开始以放牧为生，而且他们需要提高警惕，保护他们的动物不被盗窃。这种警惕性所体现出的荣誉文化，是在多岩石地区谋生的适应性结果。这些苏格兰-爱尔兰牧民的后代来到美国南部，也将他们的荣誉文化带到了这里。在某些群体内部，这种世界观一直延续至今。

文化相对性

一代又一代人的农业实践影响了你看待世界的方式，这似乎有违直觉且令人难以接受。我们没有察觉到文化对我们思维方式的影响，就像我们没有注意到自己的口音一样。每个人说话都带有口音，但我们只注意到了他人的腔调，却听不出自己的口音。甚至当我们访问其他国家时，似乎也会觉得说话奇怪的是对方，而不是我们自己。同样，我们也感受不到自己的文化世界观，因为就像口音一样，我们只会注意到他人与我们的行为差异，并将我们自己的世界观默认为看待世界的应有方式。

但是别忘了，你看到的并非世界的本来面目，而仅仅是它在你眼中的样子。在本书中，我们反复强调这一准则，目的是批判朴素实在论的恼人假设，即我们对世界的体验与其他人一模一样。因此，如果我们想要更好地了解我们自己和我们的人类同胞，就需要重视每个人经历中鲜明的个人特征。尼斯贝特和他在世界各地的合作者将这一主张上升到了文化多样性。有时，心理学研究者仿佛忽视了文化相对性的存在，而是假设从大学本科生中抽取的研究被试就是全体人类的代表。

心理学起源于欧洲的思想传统，其关于人性法则的假设很大程度上体现了欧洲人的思维习惯。尼斯贝特发现了存在于自身的文化偏见，这种感觉就像迎面撞上了玻璃门一样——在那之前，你并未意识到那里有一道屏障。1980年，尼斯贝特与人合著了一本书，并"谦虚"地将其命名为《人类推理》。认知人类学家罗伊·德·安德拉德阅读了这本书，并告诉作者这是一本"优秀的民族志"。他认为，尼斯贝特清晰地表达了北美人和欧洲人的世界观，而完全忽略了其他文化的世界观。20年后，尼斯贝特在一篇综述性论文中转述了这则逸事："作者感到十分震惊和沮丧。但是现在，我们完全赞同德·安德拉德关于在单一文化中进行研究的局限性的观点。那些不从跨文化角度展开研究的心理学家或许更适合成为民族志学者。"[303]

自一个半世纪前开始，即心理学诞生以来，这门学科一直关注人类的共性，也就是全人类所共有的普遍人性。心理学对寻找共性的关注继承自它的母体学科——哲学。约翰·洛克、大卫·休谟以及约翰·斯图亚特·密尔在关于认知过程的文章中一致认为，所有人的认知过程都是一样的。20世纪，心理学研究也受普遍性的引导，研究者开始寻找在任何环境下都适用于人类思维与心智的通用规则。关于心智的计算机隐喻理论采纳了普遍性，该理论形成于20世纪60年代的认知革命时期。在尼斯贝特和他的同事看来，"大脑相当于硬件，推理规则和数据处理程序相当于通用软件，而信念和行为则相当于输出结果"[304]。当然，考虑到个人与群体输入的信息不同，信念和行为可能会存在差异，但是底层结构，即将计算机隐喻进行延伸后的"源代码"是相同的。分类、学习以及推理等"基本"程序被认为是没有群际差异的。无论你是纽约人还是上海人，像计算机般运作的大脑的基本功能都被假定是一样的。你们或许使用不同的语言，但语言表层之下的内容却是相通的。[305]

然而，作为心理学的亲缘学科，人类学则花了几十年甚至上百年的时间，记录了人类习俗与生活方式的惊人多样性，尤其是以"民族志"的研究形式对特定群体展开长期访谈和沉浸式的观察，从而明确对该群体的基本假设。随着这两个领域的交叉与融合，尼斯贝特等人开始使用社会心理学的工具对文化展开实验性研究。尽管在职业生涯的早期，尼斯贝特一直假设人类的认知过程具有普遍性，但人类学家和哲学家所持的不同观点激起了他的兴趣。然而最为关键的是，他得到了与来自中国和其他东亚国家学生合作展开跨文化研究项目的机会。这些研究发现促使尼斯贝特重新阐述了他关于心智运作模式的观点，并在文化心理学领域掀起了一场革命。

分析性思维与整体性思维

"三元分类任务"是文化心理学领域的一个经典研究工具，在这类任务中，实验者将向被试者展示三个目标物，并要求被试者选出三者中最具相似性的两个。例如，想象一下，你看到一张图片，上面有一只可卡犬、一只拉布拉多寻回犬和一棵甘蓝。你可能会将两只狗归为一类，因为它们毕竟都属于犬类。在 1972 年的一项开创性研究中，实验者向来自印第安纳州和中国台湾的四五年级学生展示了几种不同类型的目标物，包括人物、家具、工具、食物、交通工具，等等。他们被要求在每组三个目标物中选出两个归为一类，并说明做出选择的理由。当看到男人、女人和小孩的照片时，美国孩子将男人和女人的照片放在一起，因为"他们都是成年人"；而来自中国台湾的孩子则将女人和小孩的照片放在了一起，因为"母亲照顾小孩"。类似地，在看到鸡、牛和草时，美国孩子将鸡和牛放在了一起（都是动物），而中国孩子则将牛和草放在了一起（牛吃草）。该实验揭示了一个原则，即美国孩子按类别区分事物，而东方孩子则按事物间的关系进行归类。[306]

在其他研究中，实验人员向被试者（大部分是大学生）展示了三幅插图，比如一只手、一只手套和一条围巾。其中哪两个可以互相匹配呢？是手和围巾、手和手套，还是手套和围巾？大多数西方人会将手套和围巾组合在一起，因为它们都属于冬装的范畴。这种属于同一类别的推理是分析性思维的标志。而大多数东方人会将手与手套相匹配，因为手套可以保护手，而手能够填满手套，它们之间存在某种关联。（稍后我们会看到，你也不应该笼统地将这些概括为"东方"与"西方"之间的区别，但最初的时候，这些发现就是被这样解读的。）

"三元分类任务"的巧妙与非凡之处在于其简洁性，它使用简单的配对练习，对一个更为复杂且具有连贯性的认知过程的运行方式和结构体系进行采样。你的归类方式是男人匹配女人、手套匹配围巾，还是孩子匹配女人、手匹配手套，取决于认知或思维方式上的差异，以及你所属（或沉浸于其中）的文化具有分析性世界观还是整体性世界观。分析性思维和整体性思维代表着对现实的哲学和形而上学本质的深刻假设，它们也支配着我们最基本的日常行为，比如我们与陌生人互动的方式。这些都是关于世界运行方式的基本假设。

在整体性世界观中，事物不断地相互融合；而在分析性世界观中，事物非此即彼。西方哲学的基础"排中律"认为，任何命题要么为真，要么其相反命题为真。例如，命题"丹尼有红头发"与其相反命题"丹尼没有红头发"，其中必有一个为真。二者不可同时为真。（事实上，丹尼没有红头发。）亚里士多德认为，一个陈述不能自相矛盾而仍然为真，这是认识任何事物的绝对必要前提。[307] 然而，在东方思想中，自相矛盾的陈述是可以表达真理的。例如，大乘佛教的创始人之一、古印度哲学家龙树曾经说过："一切皆是真实且非真实的，既真实又不真实，既非真实亦非不真实。这是佛陀的教诲。"[308] 对善于分析的读者来说，这样的陈述多少有点儿像是胡言乱语。

显而易见，我们所提出的"分析性思维"与"整体性思维"萌芽于"西方"与"东方"这两种彼此独立的古老文化。这两种文化支持两种截然不同的世界观：一种是"西方个人主义"，如美国式的粗犷个人主义；另一种是"东方集体主义"，"枪打出头鸟"。

孕育了不同世界观的历史文化起源于千差万别的地理环境，这些地理环境所支持的生活方式也有着天壤之别。希腊有着延伸入海的地貌，当地人的主要谋生手段是放牧、经商与航海。如果一个人在雅典生活得不顺利，他可以去另一个城邦，或跳上一艘船前往某个岛屿。在众多古代文明中，古希腊人——至少是那些拥有土地的自由的人——所具有的个人能动性是独一无二的。在战场、市场以及辩论场上，他们充分展现了自己的文韬武略。希腊文明的核心，即"个人主义"的理念，就蕴藏在这些对抗性的场所中。古代中国被称为"中央王国"，"中央"之外是沙漠（戈壁滩）、山脉（喜马拉雅山）和海洋（东海和南海）。希腊的地貌赋予人们个体性的自由，而中国的地貌则对集体性的联结提出了要求。尽管人们对此进行了长时间的争论，但目前学者一致认为，"和谐"是中国传统（乃至当代）文化的核心观念。"个性"被看作更大的社会体系及其诸多责任的一部分。在与村民和家人长期相处的过程中，这些社会关系和家庭关系既为个体带来了好处，也赋予了个体相应的责任。个体间相互依存的生活状态使人的头脑习惯于对人际关系动态发展过程中的各种典型特征进行捕捉。[309]

不同的地理环境可供性造成了人们对"自我"概念的不同理解——"自我"是"独立"的，或者"相互依存"的。一批来自不同国家的学者最近指出，西方文化的不寻常之处，或许在于将"自我"视为"有界的、单一的、稳定的，并且是与社会环境相分离的"。[310] 而在世界其他地区的文化中，"自我"是相互依存的，是"与他人密切相关的、不稳定的，并且深嵌在社会环境之中的"。这两种文化观念带来了迥然不同的结果：拥有独立自我的人会寻求自我表达、自我实现，并将自己与他人区分开来；拥有相互依存的自我观念的人，则想要融入人际关系并维护关系的和谐。前一种世界观提倡为个人利益及个人目标而行动，后一种世界观则鼓励人们为共同的利益而努力。[311]

东西方的哲学著作是各自文化中集体智慧的结晶。圣人的思想言论提供了关于他们所处社会的记录。孔子与亚里士多德的例子都颇具说服力，前者详细阐述了社会责任的运行机制，而后者关注的则是普遍真理。令人惊讶的是，与这些哲学家相关的思想文化及思维方式，时至今日仍与我们密切相关，这一点也反映在我们关注问题的方式上。

尼斯贝特及其合作者增田隆彦让日本大学生和欧洲裔美国大学生观看有关水下生命的逼真动画场景，然后描述他们所看到的内容。[312]美国大学生首先报告的通常是鱼类，而日本大学生则首先描述环境。例如，美国人可能会报告"鳟鱼正在向右游"，而日本人可能会说"那里有一个湖或池塘"。值得注意的是，两组学生以相同的详细程度对鱼进行描述。然而，日本学生对场景中鱼与无生命物体间的关系进行观察的次数是美国学生的两倍（"大鱼游过了灰色的海藻"），对环境背景中各种细节的陈述则比美国学生多出了70%。拥有整体性思维的人看的是整个场景，而拥有分析性思维的人更关注焦点对象。因此，在新的环境中识别熟悉的物体对日本学生来说较为困难，对美国学生则没有太大影响。

尼斯贝特认为，整体性文化的社会需求会影响你看待世界的方式。"如果你处于互相依存的文化背景下，你就会关注地平线和房间的角落，"他在后续采访中告诉我们，[313]"在任何时候，他人对你来说都很重要，而在个人主义社会中却并非如此。如果你在寻找其他人，偶尔你会注意到地平线上或房间角落里的东西。最终，你的知觉习惯会让你看到背景，而个人主义者则会看到该背景下他试图应对的特定个体或装置。如果你不断地观察地平线上的人以及人际互动，你也会发现很多其他的东西。广撒知觉之网，你就会发现独立文化背景下的人注意不到的关系。你所关注的环境中的知觉对象越多，你所了解到的关系就越多。"

东方人与西方人在关注倾向上的文化差异——是关注整个场景，还是焦点对象——在历史上是显而易见的。外科手术一直是西方医学史的重要组成部分，因为它很自然地遵循这样一种分析性思维：如果你能找到身体"不工作"的那部分，你就可以"去修复它"。相反，中医采取了一种更注重整体性的诊疗方法，并排斥创伤性手术。西方早期物理学家认为，物体的运动是由其自身性质决定的。石头落到地上，是因为石头与地球这两个有质量的物体之间存在引力。木头漂浮于水面，是因为木头的密度比水更小。另一方面，中国人对磁共振和声音共振的早期发现，也源于他们对相互关系的重视。[314]

但是，将世界文化分为东、西两种类型，这种做法太过简单化。今天，我们有了更加精细的划分方式。[315]例如，研究发现，巴西人像东方人一样，倾向于从整体性的角度看问题，但他们对未来的态度更加乐观，情绪表达也更加多样化。这表明，巴西乃至全拉丁美洲的人，或许也像东方人一样具有整体性思维，但是他们没有受到儒家文化的影响。[316]从分类习惯以及视觉注意力等方面来看，俄罗斯人、马来西亚人比美国人、德国人更趋向于整体性思维。[317]文化内部也存在差异。例如，位于日本北海道最北端遍布岩石的岛屿上的岛民，比他们居住在日本主岛上的同胞更加独立。[318]意大利北部居民根据分类学方法对事物进行分类的频率，高于更具整体性思维的意大利南部居民。[319]在土耳其的乡村地区，以耕种为生者比以放牧为生者更加相互依赖。[320]在美国成年人当中，工薪阶层比中产阶级更具有整体性思维。³²¹ 我们所处的文化在很多方面塑造了我们的知觉世界。

中国的水稻文化与小麦文化

当你遇到麻烦的时候，你会怎么做？是积极地控制事态，还是调整自己的行为以适应正在发生的事情，温和地避免可能的冲突？虽然这些行为选择在某种程度上是个体差异的问题——随和的人更容易进行自我调整，外向的人更容易坚持自己的主张——然而研究人员发现，个体行为也会受到文化的驱动。传统观点认为，个人主义者强调人在社会中的独立性，他们会根据自己的意愿来改变局面，而社会相互依存程度更高的集体主义者会改变自己以适应形势。一些研究表明，美国人更倾向于控制局面，而日本人则更倾向于适应形势。³²² 这种区别暗示着另一种东西方文化差异。然而，最近的研究表明，事实并非如此。

在中国生活了 6 年之后，托马斯·托尔汉姆逐渐意识到，关于东方人的两种流行描述与中国人的行为表现并不完全相符。首先，并非所有中国人都倾向于以温和的方式行事；其次，并非所有城市居民都比农村居民更加个人主义。托尔汉姆现在是芝加哥大学布斯商学院的一名教员，他曾以学生和自由记者的身份在中国生活过。在那期间，两座城市的奇特之处引起了他的注意，这两座城市分别是南方的广州和北方的北京。大众媒体和学术研究都表明，中国城乡居民的世界观存在着文化差异。根据这种说法，广州和北京（中国首都）这两座蓬勃发展的超现代东方城市，在文化上应该是相似的。

如果遵循当下流行的理论,即城市化使人们更容易拥有个人主义的世界观,那么这一文化视角应该为广州人和北京人所共有。然而,根据托尔汉姆在中国各地的城市中生活多年的切身体验,实际情况与此大相径庭。

在广州的时候,托尔汉姆经常去超市采购,他发现超市过道总是很窄,店里总是挤满了人——毕竟,这是一座拥有超过 1 200 万人口的城市。他不可避免地会碰撞到其他顾客,当这种情况发生时,他们通常会紧张起来,将目光投向地板,然后谦恭地走开。托尔汉姆觉得所有人似乎都在避免冲突。但是当他前往中国北方时,这种迁就他人的行为却并不常见。托尔汉姆告诉我们:"在到达北京的第一天,我从机场打车进市区。到了目的地,出租车司机把车停在路边让我下车。他在自行车道上停了下来。一位骑车经过的老人对此很不满意。当我去拿放在后备箱里的大件行李时,那位老人对司机也表达了不满。我记得他跟司机说了很多,中间还停顿了一下,似乎是在思考。与此同时,我觉得自己对司机所承受的长时间的漫骂也负有部分责任,因为我花了很长时间才把所有的行李都拿出来。这就是我对中国北方的第一印象。"在中国南方,"避免冲突"是生活的重要组成部分,但这种生活方式在中国北方显然不那么重要。

在中国,北京人以健谈著称。和当地出租车司机谈论政治是很平常的事情,这在其他地方几乎闻所未闻。北京人对外地人更加热情,且通常被认为拥有坚韧的品格,因为严冬会让他们变得强壮。[323]而人们对南方人的刻板印象是,他们在陌生人面前较为害羞,会尽量避免冲突。托尔汉姆意识到,这些南北差异与东方文化的主流理论和现代化的影响并不相符。2008 年,身为自由记者的托尔汉姆在课堂上得出了一个批判性的见解。当时，授课老师展示了一张现代中国方言差异图。在一些地方，"手"指的是手腕以前的部分；而在另一些地方，"手"指的是"手臂"。托尔汉姆还记得自己看地图时所受到的触动。"这种差异既不是随机分布的，也不是呈点状分布的，而几乎是以长江为界分布的。"他回忆道，"在长江以北，'手'指手腕以前的部分；在长江以南，它就意味着手臂。那时我的想法是：'我敢打赌，我所经历的南北差异一定与长江有关！'"因为如果人们说相同的语言，那么他们的文化可能是非常相似的。"当时，我并不知道长江代表着什么，但我怀疑它是我所看到的差异的关键。"发源于青藏高原的长江绵延近 4 000 英里，横贯中国文化的中心地带，将中国划分为南北两个部分。在长江以北，农业种植以小麦为主，在长江以南则以水稻为主。托尔汉姆意识到，这两种作物在种植方式上的差异，或许正是他所探寻的文化差异的成因。

　　水稻的种植和收割耗时耗力，仅凭一个家庭的力量无法完成，因此需要组队劳作。这种合作有点儿类似于在美国农村地区曾十分普遍的"谷仓建造"。你没办法一个人吊起谷仓的架子，因此，你需要找邻居帮忙。你和你的家人也很乐意回报他们，这一点大家都心照不宣。种植水稻与之类似，但是所需的工作量一直是种植小麦的两倍。事实上，中国古代的文献中已经记载了水稻种植的繁重劳作，17 世纪的一本农业书籍建议："如果一个家庭缺乏劳动力，最好种植小麦。"[324] 水稻的生长需要足够的水资源，而灌溉本身就是一种创新，从本质上来说也体现了邻里间的相互依存。周围的水量是有限的，所以你的用水方式会影响邻居的用水情况。种植所涉及的开垦、疏浚和排水等工作，都需要众人的协作。为了满足这些需求，在中国和马来西亚等地，村民间形成了劳动力的合作交换机制，在这种状态下，种植和收获都有明确的时间安排，以便邻里之间互相帮助。对这样一种高度相互依存的社会性事业而言，合作必不可少，是一种势在必行的规范。小麦种植依赖雨水，所以不需要疏浚；除了偶尔的谷仓建造，也不需要邻里互助。尽管种小麦的农民无法像牧民那样，完全独立自主，但与稻农相比，种植小麦的农民可以在一定程度上实现自力更生。

农耕方式也影响了性别角色在文化上的定义。例如，播种是否需要犁地会影响到男性和女性在谷物种植方面的参与方式。犁只能在有一定深度且均匀、无岩石的土壤上使用，对于需要在短时间内大规模种植的作物来说最为合适，如小麦、大麦、黑麦、水稻和苔麸。犁大而笨重，使用起来需要消耗相当多的体力，所以犁地通常是男人的工作。而玉米、高粱、块根，以及果树的种植对土壤则不那么挑剔，需要的土地更少，且一年中的可种植期更长。播种这些作物所需的体力相对较少，因此男女都可以胜任。在历史上，重犁文化有着更严格的性别角色规范，轻犁文化中的男女两性则拥有更加平等的关系。农耕方式上的这些差异由来已久，在今天仍然是性别角色的影响因素。例如，在重犁文化下的巴基斯坦，只有16%的女性参与劳动；但是在非重犁文化下的布隆迪，则有90%的女性参与劳动。[325]

文化世界观源于一个地区赖以为生的农耕方式，这就是托尔汉姆所说的"大米理论"的核心观点。在对来自云南、西安、北京和湖南的1 100多名中国被试者进行测试之后，托尔汉姆及其研究团队为这一理论找到了强有力的证据。他们首先采用了我们之前讨论过的将围巾、手套和手进行匹配的"二元分类任务"。正如预测的那样,继承了水稻文化的中国南方人,更多地按照事物间的关系进行归类,从而将手与手套进行匹配;在小麦文化熏染下成长起来的北方人则更倾向于分析性思维,将围巾和手套归为一类。在接下来进行的"社会关系图"测试中,实验者要求被试者绘制一张代表自己和若干朋友关系的示意图。被试者不知道的是,研究人员的关注焦点在于他们所画的代表自己以及朋友的图形尺寸,并将尺寸大小的相对差异作为衡量个人主义或自我膨胀程度的标准。(值得注意的是,美国人和欧洲人笔下的自己分别比其他人大 6 毫米和 3.5 毫米,而日本人则把自己画得比其他人略小一些。)在托尔汉姆的测试中,来自中国北方被试者将自己画得比其他人大 1.5 毫米,与欧洲人的情况类似;而中国南方被试者的情况则与日本人类似,他们将自己画得更小。

为了了解这些基于大学生被试者的实验结果,是否可以代表普遍的社会模式,托尔汉姆对相关的人口水平数据进行了深入挖掘,比如 1996—2010 年中国南方和北方地区的专利数量和离婚率。1996 年,北方地区拥有更多的专利(这是个人主义创新的标志),但进入 2000 年以后,该数量趋于平稳——这可能是由于南方的广州等地进入了科技繁荣时期。令人难以置信的是,在 1996 年,北方的离婚率比南方高出 50%;然而随着整体离婚率的上升,到了 2010 年,中国南北方离婚率的差异仍然保持在这一水平。"可以肯定的是,在我们的 1 000 多名被试者中,没有一个人以种植水稻或小麦为生。"托尔汉姆写道,"然而,该理论表明,数千年来的水稻和小麦种植,使得水稻文化和小麦文化得以传承下来,即使在大多数人放下耕犁之后。"³²⁶2014年，托尔汉姆的研究以封面故事登上了最负盛名的学术期刊《科学》，标题是《心智培育：水稻种植如何塑造心理》。

在一项非常巧妙而简洁的后续研究中，托尔汉姆在中国北方和南方的咖啡店里将椅子推到了过道上。当不知情的顾客走进咖啡店后，由于没有明确的路径，他们不得不在咖啡桌间穿梭才能走到柜台。托尔汉姆摆放了一把闲置的椅子，用它挡住了从入口到柜台最直接的路径。这是一件相当失礼的事情，顾客要么绕着桌子找一条迂回的路，以避开椅子；要么把椅子挪开，径直走向柜台。托尔汉姆发现，在北京，果断的北方人倾向于把椅子推到一边；而在南方城市广州，人们更倾向于去适应这种情况，绕过带来麻烦的椅子，从而走近柜台。³²⁷

在一项待发表的研究成果中，托尔汉姆发现，那些从小麦文化区考到水稻文化区的大学生，在第一个学期结束时拥有了更具整体性的思维方式，即使他们已经迁至像上海这样的大都市。在东部和南部种植水稻，北部和西部种植小麦的印度，他也发现了类似的结果。这些研究结果都传递了一个明确的信息：这些作物，以及它们对种植造成的社会约束，产生了巨大的下游效应。人类文化的巨大分野，其基础并非中国、日本等"东方"国家与欧美"西方"国家之间的文化差异。文化世界观的形成缘于一个地区早期居民所采取的生计方式——他们是需要与他人合作，还是基本上可以独立应对。

社会可供性与关系流动性

按照传统的理解，"集体主义"中蕴藏着忠诚、培养人际关系以及关心周围人等温暖而友善的内涵,这些与"个人主义"所强调的"自我优先""独来独往"等特质形成了鲜明的对比。然而,在日常互动中,比如人与人之间的友善程度,尤其是对待陌生人的态度,又恰与传统认知相反。在环球旅行的过程中,德雷克发现了这样一种刻板印象:尽管美国被认为是一个崇尚粗犷个人主义的地方,但美国人与别人相识还不到 20 分钟就会向对方讲述自己的人生故事,并因此饱受诟病。然而,如果你想要和住在韩国首尔的人交朋友,那么你很可能会结交到一些外籍人士,或者有国际化倾向的韩国人。这真是一种奇怪的讽刺:个人主义者热情坦率,集体主义者冷漠疏远。这到底是怎么回事呢?正如许多经济学家、心理学家以及人类学家所指出的那样,社会关系因文化而异。在同一个国家、同一个州,甚至同一个城市之内,社会关系可能完全不同。在一些地方,你很容易就能交到朋友、换个工作或建立恋爱关系;而在另外一些地方,你基本上从出生起就被同一张人际关系网长期束缚。

  人们形成新的社会关系的容易程度被称为"关系流动性"。到目前为止,关于这一文化维度的大部分研究都集中在建立友谊方面。友谊存在于世界各地的人类社会中,但其性质因地区而异。在流动性较低的地方,朋友取决于周围的环境——你的朋友是和你一起长大或一起上学的人。在流动性较高的地方,友谊更多的是一种主动的选择,是志趣相投者间的默契与约定。身处流动性较低的地方,人与人之间的友谊会更有保障,也更加稳定,但想要脱离原有圈层而获得新朋友(或者新的伴侣,甚至新的工作)也更加困难。这种对立在语言中也有所反映:在德国,一个人可以有很多"熟人"(Bekannte),但长期交往的"朋友"(Freunde)则不多。关系流动性也有助于解释为什么不同文化在与人交往的难易程度上存在惊人的差异。身处极易结交新朋友的环境之中，可能会让人更快地暴露自己的弱点，因为相互信任会让人们感觉亲密并形成持久的联结。然而，如果你的社交资源已经被和你一起长大的伙伴所占用，那么你就不会想要去结交新的朋友了。[328]

与许多文化心理学研究一样，大多数涉及流动性的研究只关注了少数几个国家，且通常是关于远东地区与北美地区的对比研究。为了解决这个问题，一组研究者在2014—2016年间开展了一项真正意义上的全球研究。该研究小组由27名共同作者组成，其中也包括托尔汉姆。他们在39个不同国家和地区的"脸书"新闻推送上投放了广告，征集与友谊或爱情有关的测试参与者。例如，在用英文推广时，他们使用的标题是"世界关系研究"，并写着"看看你最好的友谊是如何建立起来的。5分钟测试，即时反馈。做个友谊测试吧"。[329]国家和地区的选择是根据社交媒体平台的用户参与度来决定的，以确保研究人员能找到足够多的参与者，且能够代表尽可能多的地理和文化背景。最终，这项研究的成果成为反映人际关系本质的首个全球化指标。北美是流动性较强的地区，其中墨西哥的流动性超过了美国和加拿大。南美洲也具有相当强的流动性，这一结果颇为引人注目，因为根据此前的研究，巴西的整体性思维风格与相互依存程度较高、关系流动性较低的文化有关。在伊斯兰世界的样本中，北非和中东的伊斯兰国家都具有相对较弱的关系流动性。东亚的关系流动性也很弱，以日本最为突出。以英语为母语的澳大利亚和新西兰的流动性则相对较强。或许，最出人意料的是欧洲国家在关系流动性上呈现出的显著差异：德国、爱沙尼亚和土耳其的关系流动性都略低于全球平均水平,匈牙利更是如此。法国和瑞典的关系流动性较强,而西班牙、英国、波兰和乌克兰的流动性则高于平均水平,葡萄牙则正好处于平均水平。

这一重要的人类文化连续体是如何形成的?研究团队发现,较低的社会流动性与受威胁的历史有关,无论这种威胁来自恶劣的天气、疾病、人口密度还是贫困,摩洛哥以及菲律宾就是最典型的例子。受威胁程度低的国家,其社会流动性也最强,如墨西哥、加拿大和瑞典。另一个影响因素是相互依存或者相对独立的农业生产方式——日本、中国台湾和中国香港是相互依存型农业和低流动性的极端例子;而墨西哥和巴西的农耕模式最为独立,社会流动性也最强。这些影响因素为我们呈现了又一种级联效应:历史、地貌和气候造就了特定的生活方式,而这些生活方式又带来了特定的社会关系。很久以前,人类为了在特定的生态环境中生存和繁荣下去而做出的适应性调整,塑造了今天我们感知社会性世界的方式。

第 10 章

"走"出来的路：我们从哪里来，未来将去往何方？

我们到过的地方

大约 3.75 亿年前，生活在浅海地区的"提塔利克鱼"（Tiktaalik，因纽特语，意为"大型淡水鱼"[330]）把头伸出了水面，并用鳍将身体支撑了起来。历经数千年间的一系列进化，这些鳍演变为四肢，这种鱼——或其他类似的鱼——演化为爬行动物、两栖动物、恐龙（包括鸟翼类恐龙和鸟类），以及哺乳动物等陆地脊椎动物。鳍演变为四肢，陆地上的生物奔向了新的征程(它们开始爬行、疾驰甚至飞翔)。为了适应新环境中新的行为方式所带来的选择压力，这些动物的大脑开始进化，它们的身体则为大脑的进化指引方向。

上溯到大约 200 万年前，脊椎动物生命之树上的一个分支以双足直立行走的方式穿过了非洲大陆，最终行至欧洲和亚洲。这就是我们的直系祖先——直立人。他们看起来与我们非常相像，身高相仿，且和我们一样拥有修长的双腿、直立的姿势以及灵巧的双手。尽管体貌相似，但他们的脑容量只有我们的 60%。最终，更大的大脑将意识到我们祖先的身体究竟提供了怎样的行动机会。正如我们在这本书中所看到的，大脑的进化是为了利用身体在我们所处环境中所提供的行动可能。

如前所述，我们并不是先进化出了容量较大的大脑，然后才进化出了可以实现大脑想法的双手；相反，双手的进化在先，然后才是为了探索手的潜能所需的神经系统。大脑的进化是为身体服务的。这就是为什么"智人"（聪明的人）的出现要晚于"直立人"（身体挺直的人）。如果我们没有选择直立行走，我们可能永远不会成为今天这样聪颖、智慧的生物。

就像我们在第 2 章中所讨论的那样，双足行走解放了双手，使之成为灵巧的操作工具。直立人拥有这样的手，但他们的手工制品却极为有限。在捕猎大型动物的过程中，他们唯一的武器是带尖的木棍。直到很久以后，才有人想到在它的末端固定一块尖锐的燧石。直立人是坚韧的猎手，他们会在正午的烈日之下追逐比自己体型更大、行动速度更快的猎物长达数个小时，直到猎物因疲惫而倒地，用一根尖棍就能轻而易举地将其猎杀。尽管与猎物相比，这些人的行动相对缓慢，但他们却拥有毛茸茸的猎物所不具备的强大冷却系统——汗腺几乎遍布全身，且没有阻碍散热的皮毛。他们穷追不舍，直至猎物筋疲力尽。他们是地球上最讨厌的动物——"可恶的人类"。直立人进化出的可以大量排汗的系统，带来了另一个偶然的结果，那就是为我们进化中的大脑提供了必要的冷却系统，防止它们过热。大脑是贪婪的能量消耗者，因此，在进化出容量较大的大脑之前，首先要具备合乎需求的降温系统。

大约 20 万年前，直立人开始逐渐进化为我们的物种——"海德堡人"可能是直立人与现代人之间的过渡阶段。最终，这些人学会了该如何改变所处环境，他们开始像我们一样制作工艺更复杂、使用范围不断扩大的手工制品，并通过音乐、语言及艺术等人为手段创造新的知觉体验。就像直立人一样，我们这个物种走出了非洲，并在数万年的时间里占领了地球上的每一处宜居之地。

我们未来将走向何处？

如果对现状不满，就收拾东西离开，这是人类的天性。在进化的过程中，我们的物种经历了非洲气候的重大变化，那些幸存者成为我们的祖先，他们在水源干涸时离开了家园。我们是惯于迁徙的物种。而今天，我们可以借助技术手段，沉浸在脱离自然的人造环境之中。

人们喜欢用技巧来创造以其他方式无法实现的新奇知觉体验。按照在历史上形成的大致顺序，这些技巧包括音乐、语言、绘画、建筑和文学。接下来是媒体，即用来呈现新闻和娱乐等人造视听内容的技术手段。近年来，交互式社交媒体变得无处不在，人人皆是内容的创作者。虚拟现实技术（VR）和增强现实技术（AR）是当前的两大技术创新，利用这两项技术，我们可以让真实或人造的身体沉浸在人造世界之中。我们可以创造出任何一种想象得到的、与自然经验别无二致的知觉体验，这一点是毋庸置疑的。虽然凭借现有技术或许难以实现，但总有一天可以做到。

现在的VR头显[①]以20世纪80年代中期美国国家航空航天局艾姆斯研究中心的一款设计为雏形。[331]幸运的是，丹尼在NASA的合作伙伴玛丽·凯泽与虚拟现实实验室主任斯科特·费舍尔共用一间办公室。丹尼迷上了VR，因为它不仅非常有趣，而且使研究者有机会创建可主动探索的可控视觉环境，这与当时大多数视觉科学家所采用的被动观看计算机显示器的研究方式有很大不同。[332]20世纪90年代中期，丹尼与计算机科学家兰迪·鲍什合作，在弗吉尼亚大学建立了自己的VR实验室。也是通过与鲍什的合作，丹尼参与了华特迪士尼幻想工程公司打造的"阿拉丁之旅"VR体验项目，并在以阿拉丁电影为背景的虚拟娱乐设施中体验了魔毯骑行。[333]这样的知觉体验在50年前是无法实现的。接下来，艺术家和工程师们又会创造出什么样的体验呢？

VR技术不仅可以让你置身于任何想象中的虚拟世界，还可以为你提供任何想象中的虚拟身体，即所谓的"化身"。既然你已经跟随我们的脚步读到了本书的这一章节，想必你也不难理解，当你的身体发生变化时，你的知觉也会有所改变。在一篇题为《成为芭比》的论文中，瑞典研究人员利用VR技术让包括丹尼在内的被试者化身成了芭比娃娃。此时，与化身为和自己身体大小相当的虚拟形象相比，他们感知到的周围场景及其中的物体成比例地放大了。[334]在访问斯德哥尔摩卡罗林斯卡学院的实验室时，丹尼戴上VR头显，低

---

① 沉浸式VR系统由一对小型数字显示屏组成，它们被安装于戴在头上的护目镜中，该设备被称为"头戴显示器"（HMD）。HMD呈现计算机生成的虚拟世界的立体图像。通过对HMD的位置和方向进行跟踪，当人物在虚拟环境中四处移动的同时，虚拟场景在空间中的某处可以保持不动。

头一看，发现自己变成了一个芭比娃娃。为了加深这种错觉，研究人员之一亨里克·埃尔松用一把小而软的油漆刷反复摩擦丹尼的腿。与此同时，丹尼看到他的芭比娃娃化身的腿正被软刷摩擦。源于自身腿部的触感与刷子轻触化身大腿的画面完美吻合。就这样过了几分钟，丹尼产生了一种强烈的感觉：娃娃的腿以及她身体的其他部分都属于他了。从新获得的芭比娃娃视角来观察周围环境，物体比以正常大小的化身来观察时显得更大、更远。丹尼觉得自己仿佛变成了《格列佛游记》中的小矮人，这也再次印证了身体是万物的尺度。

斯坦福大学的尼克·耶和杰瑞米·白朗松，将这种因化身为虚拟形象而引起知觉变化的现象命名为"普罗透斯效应"。这一名称源于希腊神话中可以随意改变自身外观的海神普罗透斯。[335] 在耶和白朗松的一项研究中，被试者被化身为或迷人或丑陋的虚拟形象，当他们置身于虚拟世界中时，他们回答了一位在现实与虚拟环境中都位于幕布之后的异性实验者的问题。与那些拥有丑陋虚拟化身的被试者相比，拥有迷人虚拟形象的被试者站得离实验者更近；当被要求谈论自己时，他们提供了更多的私密细节。在另一项实验中，他们为虚拟角色设置了不同的身高，并发现那些虚拟角色较为高大的被试者，在谈判游戏中比虚拟角色较矮的被试者表现得更具攻击性。在完成了这项虚拟角色身高各异的VR体验之后，这种行为倾向，即虚拟化身更高大的被试者在社交互动中更具有攻击性，也被延续到了真实的社交互动当中。[336]

普罗透斯效应在医疗、社会和法律领域都有很好的应用前景。目前，人们正在探索以VR技术治疗疼痛的多种手段。[337] 例如，一些四肢肿胀的患者在看到虚拟化身的患肢缩小时，会感到疼痛得到了缓解。种族偏见也会受到普罗透斯效应的影响：当浅肤色被试者在VR互动世界中化身为深肤色的角色时，隐性种族偏见就会减少。[338] 此外，当被试者在一周之后接受测试时，这种偏见减少的状态仍然存在。[339] 在另一项研究中，研究者发现当白人被试者化身为黑人角色时，他们在模拟庭审中判定黑人被告有罪时表现得更加谨慎。[340]

还有一些关于"普罗透斯效应"的研究利用了VR技术可使人进入任何想象得到的身体（包括那些名人的身体）的潜能。巴塞罗那大学的梅尔·斯莱特和他的同事们让人们体验了拥有满头白发的爱因斯坦或某位匿名人士的虚拟身躯的感觉。那些"化身为爱因斯坦"的人在认知任务中表现得更好，对老年人的隐性偏见也有所减少。[341] 在另一项研究中，斯莱特及其同事创建了一个虚拟场景，置身其中的被试者可以在心理健康的治疗师和患者之间进行角色切换，从而就自身问题为自己提供心理疏导。在一种测试条件下，治疗师的化身看起来像他们自己，而在另一种条件下则看起来像西格蒙德·弗洛伊德。当"化身为弗洛伊德"时，被试者的情绪有所改善。[342]

我们想要什么样的知觉体验，想以什么样的躯体，漫步在什么样的人造环境之中？这些都是关乎人性的深刻而重要的问题。例如，能使人有效恢复健康的环境离不开人与自然的互动。这种对自然的需求似乎与我们对社会归属的需要一样基础。几年前，丹尼受邀为弗吉尼亚大学新成立的艾米丽·库里克临床癌症中心选择和创造艺术装置。该中心委员会的目标是提供能够减轻压力和促进痊愈的艺术作品。大量研究文献表明，人对自然之物的感应效果最佳，且没有什么比漫步于林间或沙滩之上更能治愈身心。[343] 在当地慈善机构的支持下，丹尼在候诊室里安装了一台超大型的平板电视，伴随着风的低语、叶的窸窣以及鸟的啼鸣等环绕音效，一幅幅蓝岭山脉的图像在屏幕上缓缓展开。这样做的目的是为人们提供一扇通往怡人自然景观的虚拟窗口，让人的思想可以徜徉其中。

未来之路

由智能技术的崛起带来的诸多风险已经为人们所熟知——想想电影《终结者》和《黑客帝国》中被机器人统治的世界。随着这些技术的广泛应用，它们将如何影响我们自身的能力与目标，这一点则容易为人们所忽视。

20世纪，"省力"机器的兴起及其对体重增加的影响，就是一个很有警示意义的例子。肥胖症发病率的上升在很大程度上是由热量消耗的减少引起的。总体而言，人类并没有因为将劳动交给机器而转向其他锻炼形式。相反，人们坐着的时间更长，从而导致了肥胖症的流行。如果久坐如同吸烟，那么"节省认知劳动"的机器会对我们的认知技能和认知努力产生什么样的影响呢？

人们在一些简单的算术问题上独立计算能力的下降是一个值得警醒的例子。在丹尼的课上，许多本科生无法通过心算得出像18×7这类简单算术问题的答案，他们需要用计算器。（他的"千禧一代"合著者德雷克也是如此。）即使微积分课程是申请心理学专业的先决条件，情况也并未有所改变。同样，依赖GPS（全球定位系统）从地点 A 到达地点 B 会让你无法记住相应的路线。作为科技公司的顾问，丹尼建议使用基于路标的导航指令——"经过右边的学校后左转，然后沿着坡道上行"——鼓励用户关注周围的景观，从而更容易将该区域记在心中。如果我们想要学习和记忆，我们就必须在认知上投入其中。

有人认为，人工智能可以将我们解放出来，去承担人类比机器更具优势的任务。然而从长远来看，原则上可能并不存在人类永远比机器更加擅长的任务。当机器取代我们去从事体力劳动时，我们或许不以为意——叉车是一个好东西。但是，人工智能程序于 1997 年击败了国际象棋世界冠军加里·卡斯帕罗夫，谷歌人工智能程序在 2016 年战胜了"围棋"这一古老东方游戏的世界冠军，则让我们感到怅然若失。如果作曲程序超越了人类作曲家，或者计算机程序写出了比你此刻阅读的这本书更胜一筹的人类心理学著作，我们会做何感想？一想到这里，就让人不寒而栗。

不过，人们始终在争取独立。显然，对自我效能感的渴望是儿童的一项普遍诉求："我想自己做！"孩子们不希望大人为他们做太多的事情。当他们成长到某个阶段，他们会渴望自己系上鞋带，不管这个过程多么缓慢、多么笨拙。同样，体弱多病的人也不希望他人过多地控制自己的生活。为病人提供独立的机会，无论多么微小，或者看似无足轻重，都于他们的健康有益。[344] 能动性是健康、智力发展，以及自我实现的必要条件。

这本书告诉我们，行动——那些有意为之的身体行为——先于认知。驱动旋木的小猫学会了感知空间的可供性，但被动旋转的小猫却不能。[345] 在人工智能无处不在的未来世界，我们将为自己做些什么,最终又将形成怎样的认知?

20世纪早期的西班牙诗人安东尼奥·马查多曾经写道:

> 行者,世上本无路。
> 路由人走出。

路是由我们的足迹铺就而成的,身体则指引着前进的方向。

致　谢

我的妻子黛比·罗奇是弗吉尼亚大学的生物学教授。我所知道的关于进化及其与心理学相关的大部分内容，都是从她那里了解到的。研究生是研究工作的创新源泉。乔纳森·巴克达什、穆库尔·巴拉、莎拉·克里姆·雷格尔、E. 布莱尔·格罗斯、萨利·林克纳格尔、雪松·里纳、珍妮·斯特凡努奇、拉尔斯·斯特罗瑟、艾莉莎·特威特、丽贝卡·韦斯特、维罗妮卡·韦瑟、杰西·维特和乔纳森·扎德拉都为本书中所提出的观点做出了贡献。我所在的实验室在本课题研究方面所付出的努力不亚于我本人。汤姆·班顿、贝内特·伯滕塔尔、杰里·克洛尔、吉姆·科恩、詹姆斯·卡特、亨特·唐斯、特蕾西·唐斯，威廉·爱泼斯坦、亚瑟·格伦伯格、玛丽·凯泽、迈克尔·库博维、兰迪·波许和西蒙·施奈尔，这些睿智且富有爱心的同事以及专业领域内的朋友都令我获益良多。在近 30 年的时间里，我一直在弗吉尼亚大学讲授《知觉导论》这门课程。这些年来，学生们在课上提出了一些问题，我无法给出令人满意的回答，这迫使我拓宽视角，并对领域内的一些基本假设提出了质疑，由此产生了这本书。

——丹尼斯

休斯敦大学创意写作教授彼得·图尔钦在《想象力地图：作为制图师的作家》一书的首页指出，写作的过程包含两个相互关联的阶段，一个是作者的"探索"阶段，另一个是作者的"引导"阶段。我于2014年开始探索"具身化"这一课题，并通过采访该领域的主要研究人员来为一本可能的著作搜集线索。受访者之一便是丹尼斯·普罗菲特。当时我并不知道，我们将携手合作，对这一领域及众多相关问题展开探索，并通过长达数年的努力，最终来到当前的研究阶段，探索人类的具身化和进化意味着什么。我很感激这次冒险，并希望我们能成为知觉领域的合格向导。

我们在书中指出，人类是高度社会化的生物。本书的写作，离不开来自同行以及我的朋友的支持。感谢亚当·格兰特、艾米莉·伊斯法哈尼·史密斯、斯蒂芬·谢里尔和杰克·陈等许多朋友及同事，他们阅读了本书不同版本的写作计划和章节内容。我要特别感谢约翰·麦克德莫特的帮助，他阅读了本书草稿，并进行了多次的编辑校对。还有杰西·杰克逊，是他把我们介绍给了我们的出版经纪人。

就我个人而言，在写作本书的漫长探索过程中能够得到很多人的支持，是一种莫大的幸运。我的妹妹莉莎、弟弟格兰特、我的母亲妮可，还有我富有创意的朋友瑞安、凯文、古斯塔沃、埃莉、贝卡等人都为我提供了帮助和建议。特别是我的伴侣加布里埃拉，她一定会为我感到高兴，因为本书的写作已经完成，而我也有空在周末的下午去做一些其他事情了。

——德雷克

卡罗尔·曼恩和她的助手艾格尼丝·卡洛维茨为这本书的写作计

划提供了建议。卡罗尔为本书联系到了圣马丁出版社。凭借本书编辑丹妮拉·拉普的专业素养以及耐心指导,经过一轮又一轮的修订与改写,本书的写作目标更加明确,行文更加简洁、流畅。

——丹尼斯和德雷克

推荐阅读

如果你想更深入地了解你的身体如何影响了你的经验,我们推荐以下书目:

Gibson, James J. 1979. *The ecological approach to visual perception*. Boston: Houghton Mifflin.

这是具身认知领域最重要的一本书。在这本书中,吉布森阐述了他的理论,即一个拥有特定身体和生活方式的有机体如何感知在其所处环境中行动的机会与成本。这本书是为专业人士撰写的,但语言通俗易懂,背景假设也很简单。如果你想知道更多关于如何从生物学角度研究心智的信息,可以从这本书开始。

Heinrich, B. (1995). *Why we run: A natural history*. New York, NY: Harper Collins.

我们是耐力型动物,在正午的烈日之下,我们可以比其他哺乳动物多跑 20 英里以上的距离。海因里希是一位备受尊敬的生物学家和屡获殊荣的自然文学作家，同时也是 1981 年芝加哥 100 公里超级马拉松赛冠军。如果你对我们是哪种动物以及我们为何奔跑感兴趣，海因里希在这部内容丰富且出人意料的回忆录中所讲述的正是这个故事。

Herz, R. (2007). *The scent of desire: Discovering our enigmatic sense of smell*. New York, NY: Harper Collins.

如果心理学在研究嗅觉上花的时间和精力跟研究视觉一样多，那么我们对知觉和心智的看法将会大不相同。体验一种气味必须经过两个独立的过程：一个识别气味，另一个给气味赋值。玫瑰、巧克力和"亲爱的"闻起来很棒。没有什么侮辱比"你臭死了"更加糟糕。价值是生命的组成部分，气味比任何其他感官更能判断事物的好坏。赫兹是她所在领域中最杰出的研究人员之一，她的叙事风格既轻松自如，又令人着迷。

Johnson, M. (2007). *The Meaning of the Body*. Chicago: University of Chicago Press.

马克·约翰逊是乔治·莱考夫《我们赖以生存的隐喻》一书的哲学领域的合作者，我们在本书中大量引用了这部著作。"意义"是现代技术哲学家对隐喻的后续解读。约翰逊完美地论述了人类是如何以身体为途径而获得意义的，并从这一见解出发，对人类文化与精神生活进行了重新审视。值得注意的是，在这本书的最后一章，作者探讨了所谓的"横向超越"问题，即在对人类经验的纯粹物理理解中，宗教经验意味着什么。

Krebs, J.R., & Davies, N.B. (1993). *An introduction to behavioural ecology*. Oxford, UK: Blackwell Scientific Publications.

这本书是行为生态学领域最好的入门书籍，它解决了有关动物为什么会有各种行为的问题。除了吉布森，几乎没有心理学家曾采用过相同的研究方法并将其应用于人类。在行为生态学领域，动物被视为具象化的、能动的有机体，它们试图生存，照顾它们的后代，并最终将它们的基因延续到未来。这是一本教科书，然而读起来并不枯燥。文字清晰明了，插图引人入胜。

Van der Kolk, B. (2014). *The Body Keeps the Score*. New York, NY: Viking.

在与身体有关的著作中，范德科尔克博士的这本书或许最为尖锐。在书中，这位精神病学家首先强调了心理创伤在人们生活中的普遍程度，然后详细描述了它是如何在很大程度上绕过大脑的语言网络，从而使非语言治疗实践成为必要，包括心理健康专家利用具身化来帮助人们最终痊愈的巧妙方法。这本书是临床心理学的代表作，通过一项项个案研究阐述了身体在情感生活中的作用。

注 释

引言 来自伴侣的迷人体味

1. Wedekind, C, Seebeck, T., Bettens, F., & Paepke, A.J. (1995). MHC-dependent mate preferences in humans. *Proceedings. Biological Sciences*, *260*, 245-249. www.ncbi.nlm.nih.gov/pubmed/7630893.

2. http://www.webexhibits.org/butter/countries-japan.html

3. Kelly, D. J., Quinn, P. C., Slater, A. M., Lee, K., Gibson, A., Smith, M., & Pascalis, O. (2005). Three-month-olds, but not newborns, prefer own-race faces. *Developmental Science*, *8*, F31–F36. https://doi.org/10.1111/j.1467-7687.2005.0434a.x

4. Kelly, D., Liu, S., Ge, L., Quinn, P., Slater, A., Lee, K. & Pascalis, O. (2007). Cross-race preferences for same-race faces extend beyond the African versus Caucasian contrast in 3-month-old infants. *Infancy*, *11*, 87–95. https://doi.org/10.1080/15250000709336871

5. Eberhardt, J. L., Goff, P. A., Purdie, V. J., & Davies, P. G. (2004). Seeing black: Race, crime, and visual processing. *Journal of Personality and Social Psychology*, *87*, 876–893. https://doi.org/10.1037/0022-3514.87.6.876

6. Lieberman, M.D. (2017). What scientific term or concept ought to be more

widely known? *Edge.org.* www.edge.org/response-detail/27006

7. Witt, J.K., & Proffitt, D.R. (2005). See the ball, hit the ball: Apparent ball size is correlated with batting average. *Psychological Science, 16*, 937-939. https://doi.org/10.1111/j.1467-9280.2005.01640.x

8. Early, L. (n.d.). Mickey quotes. Retrieved September 13, 2005, from http://themick.com/MickeyQuotes9.htm

9. Baseball Almanac. (n.d.). [George Scott baseball statistics]. Retrieved May 18, 2004, from http://www.baseball-almanac.com/players/player.php?p=scottge02

10. Witt, J. K., Linkenauger, S. A., Bakdash, J. Z., & Proffitt, D. R. (2008). Putting to a bigger hole: Golf performance relates to perceived size. *Psychonomic Bulletin & Review, 15*, 581–585. https://doi.org/10.3758/pbr.15.3.581

11. Witt, J.K., & Dorsch, T.E. (2009). Kicking to Bigger Uprights: Field Goal Kicking Performance Influences Perceived Size. *Perception, 38*, 1328–1340. https://doi.org/10.1068/p6325

12. Lee, Y., Lee, S., Carello, C., & Turvey, M. T. (2012). An archer's perceived form scales the "hitableness" of archery targets. *Journal of Experimental Psychology: Human Perception and Performance, 38*, 1125–1131. https://doi.org/10.1037/a0029036

13. Wesp, R., Cichello, P., Gracia, E. B., & Davis, K. (2004). Observing and engaging in purposeful actions with objects influences estimates of their size. *Perception & Psychophysics, 66*, 1261–1267. https://doi.org/10.3758/bf03194996

14. Sugovic, M., Turk, P., & Witt, J. K. (2016). Perceived distance and obesity: It's what you weigh, not what you think. *Acta Psychologica, 165*, 1–8. https://doi.org/10.1016/j.actpsy.2016.01.012

15. Witt, J. K., Schuck, D. M., & Taylor, J. E. T. (2011). Action-specific effects underwater. *Perception, 40*, 530–537. https://doi.org/10.1068/p6910

16. Witt, J. K., Proffitt, D. R., & Epstein, W. (2005). Tool Use Affects Perceived Distance, But Only When You Intend to Use It. *Journal of Experimental Psychology: Human Perception and Performance, 31*, 880–888. https://doi.org/10.1037/0096-1523.31.5.880

17. Moeller, B., Zoppke, H., & Frings, C. (2015). What a car does to your perception: Distance evaluations differ from within and outside of a car. *Psychonomic Bulletin & Review, 23*, 781–788. https://doi.org/10.3758/s13423-015-0954-9

18. Kuersten, Andreas. (Nov. 2015). Opinion: Brain Scans in the Courtroom. *The Scientist Magazine*. www.the-scientist.com/news-opinion/opinion-brain-scans-in-the-courtroom-34464

19. Whitman, Walt. "I Sing the Body Electric by Walt Whitman." *Poetry Foundation*. www.poetryfoundation.org/poems/45472/i-sing-the-body-electric

第一部分 行动

第 1 章 发育：婴儿是如何认识世界及其运行法则的？

20. Adolph, Karen. Personal interview. 22 June 2018.

21. Neisser, U. (1981). James J. Gibson (1904-1979). *American Psychologist, 36*, 214-215. https://doi.org/10.1037/h0078037

22. Gibson, J.J. (1979). *The ecological approach to visual perception.* Boston, MA: Houghton Mifflin, pp. 127.

23. Rodkey, E.N. (2011). The woman behind the visual cliff. *APA Monitor, 42*, 30.

24. Gibson, E.J., Walk, R.D. (1960). The "visual cliff." *Scientific American, 202*, 64-71. https://doi.org/10.1038/scientificamerican0460-64

25. Campos, J.T., Bertenthal, B.I., & Kermoian, R. (1992). Early Experience and Emotional Development: The Emergence of Wariness of Heights. *Psychological Science, 3*, 61-64. https://doi.org/10.1111/j.1467-9280.1992.tb00259.x

26. Held, R., & Bossom, J. (1961). Neonatal deprivation and adult rearrangement: Complementary techniques for analyzing plastic sensory-motor coordination. *Journal of Comparative and Physiological Psychology, 21*, 33–37. https://doi.org/10.1037/h0046207

Held, R., & Hein, A. (1963). Movement-produced stimulation in the development of visually guided behavior. *Journal of Comparative and Physiological Psychology, 56,* 872–876. https://doi.org/10.1037/h0040546

27. Campos, J.T., Bertenthal, B.I., & Kermoian, R. (1992). Early Experience and Emotional

Development: The Emergence of Wariness of Heights. *Psychological Science, 3,* 61-64, pp. 64. https://doi.org/10.1111/j.1467-9280.1992.tb00259.x

28. Adolph, K.E. (2000). Specificity of learning: Why infants fall over a veritable cliff.

Psychological Science, 11, 290-295, pp 292. https://doi.org/10.1111/1467-9280.00258

29. Verieiken, B., Adolph, K.E., Denny, M.A., Fadl, Y., Gill, S.V., & Lucero, A.A. (1995). Development of infant crawling: Balance constraints on interlimb coordination. In G. Bardy, R.J. Bootsma and Y. Guiard (Eds.) *Studies in Perception and Action III* (p 255-258). New Jersey: Lawrence Erlbaum Associates.

30. Ibid.

31. Libertus, K., Joh, A.S., & Needham, A.W. (2016). Motor training at 3 months affects object exploration 12 months later. *Developmental Science, 19,* 1058-1066. https://doi.org/10.1111/desc.12370

Needham, A. W., Barrett, T., & Peterman, K. (2002). A pick-me-up for infants' exploratory skills: Early simulated experiences reaching for objects using "sticky" mittens enhances young

infants' object exploration skills. *Infant Behavior and Development, 25,* 279-295. https://doi.org/10.1016/S0163-6383(02)00097-8

32. Faubert, J. (2013). Professional athletes have extraordinary skills for rapidly learning complex and neutral dynamic visual scenes. *Scientific Reports, 3,* 1–3. https://doi.org/10.1038/srep01154

33. Gallwey, W.T. (1979). *The inner game of tennis: The classic guide to the mental side of peak performance.* Toronto: Bantam Books, pp. 99.

34. McEnroe, J., & Kaplan, J. (2002). *You cannot be serious.* London, UK:

Time Warner Paperbacks, pp. 57.

35. Witt, J.K. & Sugovic, M. (2010). Performance and ease influence perceived speed. *Perception, 39*, 1341 - 1353. https://doi.org/10.1068/p6699

36. Gray, R. (2013). Being selective at the plate: Processing dependence between perceptual variables relates to hitting goals and performance. *Journal of Experimental Psychology: Human Perception and Performance, 39*, 1124–1142. https://doi.org/10.1037/a0030729

第 2 章 行走：我们的行走能力决定了坡道是陡还是平

37. Proffitt, D.R., Bhalla, M., Gossweiler, R., and Midgett, J. (1995). Perceiving geographical slant. *Psychonomic Bulletin & Review*, 2, 409-428. https://doi.org/10.3758/BF03210980

38. Bhalla, M. & Proffitt, D.R. (1999). Visual-motor recalibration in geographical slant perception. *Journal of Experimental Psychology: Human Perception and Performance, 25*, 1076-1096. https://doi:10.1037/0096-1523.25.4.1076

39. Ibid, pp. 1092.

40. Wong, K. (Nov. 2014). 40 Years after Lucy: The fossil that revolutionized the search for human origins. *Scientific American*. https://blogs.scientificamerican.com/observations/40-years-after-lucy-the-fossil-that-revolutionized-the-search-for-human-origins/

41. Ibid.

42. Johansen, Donald. Personal interview, Dec 18 2018.

43. Darwin, C. (1872). *The Origin of Species: By Means of Natural Selection Or the Preservation of Favored Races in the Struggle for Life and The Descent of Man and Selection in Relation to Sex*. (6th ed.). New York, NY: Modern Library.

44. Lieberman, D. (2011). Four legs good, two legs fortuitous: Brain, brawn, and the evolution of human bipedalism. In J.B. Losos (Ed.), *In the light of evolution: Essays from the laboratory and field*. Greenwood Village, CO: Roberts and Company.

45. Levine, J.A., Lanningham-Foster, L.M., McCrady, S.K. Krizan, A.C., Olson, L.R., Kane, P.H., Jensen, M.D., & Clark, M.M. (2005). Interindividual variation in posture allocation: Possible role in human obesity. *Science*, *307*, 584. https://doi.org/10.1126/science.1106561

46. Oppezzo, M., & Schwartz, D. L. (2014). Give your ideas some legs: The positive effect of walking on creative thinking. *Journal of Experimental Psychology: Learning, Memory, and Cognition*, *40*, 1142-1152. https://doi.org/10.1037/a0036577

47. Williams, F. (2012, November 28). Take two hours of pine forest and call me in the morning. *Outside Magazine*. Retrieved September 29, 2019, from https://www.outsideonline.com/1870381/take-two-hours-pine-forest-and-call-me-morning

48. Dahl, M. (2016, March 24). How Running and meditation change the brains of the depressed. *New York Magazine*. Retrieved from https://www.thecut.com/2016/03/how-running-and-meditation-can-help-the-depressed.html

49. Dahl, M. (2016, April 21). How neuroscientists explain the mind-clearing magic of running. *New York Magazine*. Retrieved from https://www.thecut.com/2016/04/why-does-running-help-clear-your-mind.html

50. Tomer, A. (2018, Feb. 9). America's commuting choices: 5 major takeaways from 2016 census data. *Brookings*, Brookings. www.brookings.edu/blog/the-avenue/2017/10/03/americans-commuting-choices-5-major-takeaways-from-2016-census-data/.

Steell, L., Garrido-Méndez, A., Petermann, F., Díaz-Martínez, X., Martínez, M.A., Leiva, A.M., Salas-Bravo, C., Alvarez, C., Ramirez-Campillo, R., Cristi-Montero, C., Rodríguez, F., Poblete-Valderrama, F., Floody, P.D., Aguilar-Farias, N.,Willis, N.D., & Celis-Morales, C.A. (2017) Active commuting is associated with a lower risk of obesity, diabetes and metabolic syndrome in Chilean adults, *Journal of Public Health*, *40*, 508–516, https://doi.org/10.1093/pubmed/fdx092

Flint, E., & Cummins, S. (2016). Active commuting and obesity in mid-life: cross-sectional, observational evidence from UK Biobank. *The Lancet Diabetes & Endocrinology*, *4*, 420-435. https://doi.org/10.1016/S2213-8587(16)00053-X

51. Ponzer, H. (2019). Evolved to exercise. *Scientific American, 320*(1), 22-29.

52. http://www.youtube.com/watch?v=826HMLoiE_o#

53. https://www.statista.com/statistics/280485/number-of-running-events-united-states/

54. https://www.statista.com/statistics/190303/running-participants-in-the-us-since-2006/

55. Bastien, G.J., Schepens, B., Willems, P.A., & Heglund, N.C. (2005). Energetics of Load Carrying in Nepalese Porters. *Science, 308*, 1755. https://doi.org/10.1126/science.1111513

56. Sugovic, M., Turk, P., & Witt, J. K. (2016). Perceived distance and obesity: It's what you weigh, not what you think. *Acta Psychologica, 165*, 1-8. https://doi.org/10.1016/j.actpsy.2016.01.012

57. Taylor-Covill, G. A. H., & Eves, F. F. (2015). Carrying a Biological "Backpack": Quasi-Experimental Effects of Weight Status and Body Fat Change on Perceived Steepness. *Journal of Experimental Psychology: Human Perception and Performance, 42*, 331-338. http://dx.doi.org/10.1037/xhp0000137

58. Eves F.F. (2014) Is there any Proffitt in stair climbing? A headcount of studies testing for demographic differences in choice of stairs. *Psychonomic Bulletin and Review, 21*, 71-77. https://dpi.org/10.3758/s13423-013-0463-7

59. Zadra, J.R., Weltman, A.L., & Proffitt, D.R. (2016). Walkable distances are bioenergetically scaled. *Journal of Experimental Psychology: Human Perception and Performance, 42*, 39-51. https://doi.org/10.1037/xhp0000107

60. Ibid, pp. 11.

第 3 章 抓握：为什么"触手可及"可以增强专注力？

61. Witt, J. K., & Brockmole, J. R. (2012). Action alters object identification: Wielding a gun increases the bias to see guns. *Journal of Experimental Psychology: Human Perception and Performance, 38*, 1159-1167. https://doi.org/10.1037/a0027881

62. Ibid, pp. 1166.

63. Kalesan, B., Villarreal, M. D., Keyes, K. M., & Galea, S. (2015). Gun ownership and social gun culture. *Injury Prevention, 22*, 216–220. https://doi.org/10.1136/injuryprev-2015-041586

64. Goodale, M. & Milner, D. (2004). *Sight Unseen.* Oxford, UK: Oxford Press.

65. Goodale, M. Personal interview. 8 September 2018.

66. Haffenden, A.M., Schiff, K.C., & Goodale, M.A. (2001). The dissociation between perception and action in the Ebbinghaus illusion: Nonillusory effects of pictorial cues on grasp. *Current Biology, 11*, 177-81. https://doi.org/10.1016/S0960-9822(01)00023-9

67. Ogle, W. (2016, March 27). On the Parts of Animals, by Aristotle : book4. Retrieved October 13, 2019, from https://ebooks.adelaide.edu.au/a/aristotle/parts/book4.html

68. Polansky, R. (2007.) *Aristotle's De Anima: A Critical Commentary.* Cambridge, UK: Cambridge University Press.

69. Goodale, M. & Milner, D. (2004). *Sight Unseen.* Oxford, UK: Oxford Press.

70. Weiskrantz, L., Warrington, E.K., Sanders, M.D., & Marshall, J. (1974). Visual Capacity in the hemianopic field following restricted occipital ablation. *Brain, 97*, 709-728. https://doi.org/10.1093/brain/97.1.709

71. Ibid. pp. 726.

72. Ibid. pp. 721.

73. de Gelder, B., Tamietto, M., Van Boxtel, G., Goebel, R., Sahraie, A.,Van den Stock, J., Stienen, B.M.C., Weiskrantz, L, & Pegna, A. (2008). Intact navigation skills after bilateral loss of striate cortex. *Current Biology, 18*, R1128-R1129. https://doi.org/10.1016/j.cub.2008.11.002

74. Land, M. & Nilsson, D-E. (2002). *Animal Eyes.* Oxford, UK: Oxford University Press.

75. Brockmole, J.R., Davoli, CC., Abrams, R.A., & Witt, J.K. (2013). The world within reach: Effects of hand posture and tool use on visual cognition. *Current Directions in Psychological Science, 22*, 38–44, pp. 39. https://doi.org/10.1177/0963721412465065

76. Reed, C. L., Betz, R., Garza, J. P., & Roberts, R. J. (2010). Grab it! Biased attention in functional hand and tool space. *Attention, Perception, & Psychophysics, 72*, 236–245. https://doi.org/10.3758/APP.72.1.236

77. Cosman, J. D., & Vecera, S. P. (2010). Attention affects visual perceptual processing near the hand. *Psychological Science, 21*, 1254–1258. https://doi.org/10.1177/0956797610380697

78. Davoli, D., & Brockmole, J. (2012). The hands shield attention from visual interference. *Attention, Perception, & Psychophysics, 74*, 1386-1390. https://doi.org/10.3758/s13414-012-0351-7

79. Linkenauger, S. A., Ramenzoni, V., & Proffitt, D. R. (2010). Illusory shrinkage and growth: body-based rescaling affects the perception of size. *Psychological Science, 21*, 1318–1325. https://doi.org/10.1177/0956797610380700

80. Linkenauger, S. A., Witt, J. K., Stefanucci, J. K., Bakdash, J. Z., and Proffitt, D. R. (2009). The effects of handedness and reachability on perceived distance. *Journal of Experimental Psychology: Human Perception and Performance, 35,* 1649-1660. https://doi.org/10.1037/a0016875

81. Abrams, D. M., & Panaggio, M. J. (2012). A model balancing cooperation and competition can explain our right-handed world and the dominance of left-handed athletes. *Journal of The Royal Society Interface, 9*, 2718–2722. https://doi.org/10.1098/rsif.2012.0211

82. Corballis, M. C. (1980). Laterality and myth. *American Psychologist, 35*, 284-295. http://dx.doi.org/10.1037/0003-066X.35.3.284

83. Personal communication (March 10, 2017).

84. Khamsi, R. (2007). Russian speakers get the blues. Retrieved from https://www.newscientist.com/article/dn11759-russian-speakers-get-the-blues/

85. Casasanto, D., & Dijkstra, K. (2010). Motor action and emotional memory. *Cognition, 115*, 179–185. https://doi.org/10.1016/j.cognition.2009.11.002

86. Casasanto, D., & de Bruin, A. (2019). Metaphors we learn by: Directed motor action improves word learning. *Cognition, 182*, 177–183. https://doi.org/10.1016/j.cognition.2018.09.015

87. Personal communication (March 10, 2017).

88. Casasanto, D., & Jasmin, K. (2010). Good and Bad in the Hands of Politicians: Spontaneous Gestures during Positive and Negative Speech. *PLoS|ONE, 5*, p. e11805. https://doi.org/10.1371/journal.pone.0011805

89. Oppenheimer, D. M. (2008). The secret life of fluency. *Trends in Cognitive Sciences, 12*, 237–241. https://doi.org/10.1016/j.tics.2008.02.014

90. Casasanto, D., & Chrysikou, E.G. (2011). When left is "right": Motor fluency shapes abstract concepts. *Psychological Science, 22*, 419-422. https://doi.org/10.1177/0956797611401755

91. Personal communication, (March 20, 2017).

Section 2: Knowing

第二部分　认知

第4章　思维：流畅性让人更容易扯淡

92. Descartes, R., & Cottingham, J. (1996). *Rene Descartes: Descartes : Meditations on First Philosophy: With Selections from the Objections and Replies* [Google Book] (Rev. ed.). Cambridge, UK: Cambridge University Press. Pp. 19.

93. Vaccari, A. (2012). Dissolving nature: How Descartes made us posthuman. *Techné: Research in Philosophy and Technology, 16*, 138–186. https://doi.org/10.5840/techne201216213

94. Bloom, P. (2007). Religion is natural. *Developmental Science, 10*, 147–151. https://doi.org/10.1111/j.1467-7687.2007.00577.x

95. Bloom, P. (2006). My brain made me do it. *Journal of Cognition and Culture, 6*, 209-214. https://doi.org/10.1163/156853706776931303

96. Kandasamy, N., Garfinkel, S.N., Page, L, Hardy, B., Critchley, H.D., Gurnell, M. & Coates, J.M. (2016). Interoceptive ability predicts survival on a London trading floor. *Science Report, 6*, 1-7. https://doi.org/10.1038/srep32986

97. Ibid. p. 5.

98. Personal communication (January 19, 2017).

99. Fischer, D., Messner, M., & Pollatos, O. (2017). Improvement of interoceptive processes after an 8-week body scan intervention. *Frontiers in Human Neuroscience, 11*. https://doi.org/10.3389/fnhum.2017.00452

100. Kiken, L. G., Shook, N. J., Robins, J. L., & Clore, J. N. (2018). Association between mindfulness and interoceptive accuracy in patients with diabetes: Preliminary evidence from blood glucose estimates. *Complementary Therapies in Medicine, 36*, 90–92. https://doi.org/10.1016/j.ctim.2017.12.003

101. Wang, X. T., & Dvorak, R. D. (2010). Sweet future. *Psychological Science, 21*, 183–188. https://doi.org/10.1177/0956797609358096

102. DeWall, C. N., Baumeister, R. F., Gailliot, M. T., & Maner, J. K. (2008). Depletion makes the heart grow less helpful: Helping as a function of self-regulatory energy and genetic relatedness. *Personality and Social Psychology Bulletin, 34*, 1653–1662. https://doi.org/10.1177/0146167208323981

103. Danziger, S., Levav, J., & Avnaim-Pesso, L. (2011). Extraneous factors in judicial decisions. *Proceedings of the National Academy of Sciences, 108*, 6889–6892. https://doi.org/10.1073/pnas.1018033108

104. Anderson, M., Gallagher, J., & Ritchie, E. R. (2017, May 3). How the quality of school lunch affects students' academic performance. Retrieved June 30, 2019, from https://www.brookings.edu/blog/brown-center-chalkboard/2017/05/03/how-the-quality-of-school-lunch-affects-students-academic-performance/

105. Brody, J. E. (2017, June 5). Feeding young minds: The importance of school lunches. *New York Times*. Retrieved from https://www.nytimes.com/2017/06/05/well/feeding-young-minds-the-importance-of-school-lunches.html

106. Facts about child nutrition. (n.d.). National Education Association. Retrieved from http://www.nea.org/home/39282.htm

107. Schwartz, N., Bless, H., Strack, F., Klumpp, G., Rittenauer-Schatka, H., & Simons, A. (1991). Ease of retrieval as information: Another look at the availability heuristic. *Journal of Personality and Social Psychology, 61*, 195-202.

https://doi.org/10.1037/0022-3514.61.2.195

108. McGlone, M. S., & Tofighbakhsh, J. (1999). The Keats heuristic: Rhyme as reason in aphorism interpretation. *Poetics, 26*, 235–244. https://doi.org/10.1016/S0304-422X(99)00003-0

109. Nietzsche, F., Williams, B., Nauckhoff, J., & Caro, A. D. (2001). *Nietzsche: The Gay Science: With a Prelude in German Rhymes and an Appendix of Songs.* Cambridge, UK: Cambridge University Press.

110. Kahneman, D., Slovic, P., & A. Tversky, A. (Eds.), *Judgement under uncertainty: Heuristics and biases.* Cambridge, UK: Cambridge University Press.

111. Nowrasteh, A. (2016). Terrorism and Immigration: A Risk Analysis. *Cato Institute: Policy Analysis*, (798), 1-26. https://papers.ssrn.com/sol3/papers.cfm?abstract_id=2842277

112. Gould, D. & Mosher, D. (2017, Jan 31). How likely are foreign terrorists to kill Americans? The odds may surprise you. Retrieved Nov. 11, 2019, from https://www.businessinsider.com/death-risk-statistics-terrorism-disease-accidents-2017-1

113. Baer, D. (2017 12). The shows you watch build your perception of the world. Retrieved from https://www.thecut.com/2017/01/the-shows-you-watch-build-your-perception-of-the-world.html

114. Murrar, S., & Brauer, M. (2017). Entertainment-education effectively reduces prejudice. *Group Processes & Intergroup Relations, 21*, 1053–1077. https://doi.org/10.1177/1368430216682350

115. Boyd, Ryan. Personal interview.

116. Sommers, S. R. (2006). On racial diversity and group decision making: Identifying multiple effects of racial composition on jury deliberations. *Journal of Personality and Social Psychology, 90*, 597–612. https://doi.org/10.1037/0022-3514.90.4.597

117. Courtroom Television Network (Producer). (Jan., 1995). *Georgia v. Redding: A rapist on trial: DNA takes the stand* [Television broadcast]. New York: Author.

118. Frankfurt, H. (2005). *On Bullshit*. Princeton, NJ: Princeton University Press.

119. Perrin, A. (n.d.). Social media usage: 2005-2015. *Pew*. Retrieved October 2, 2015, from https://www.pewinternet.org/2015/10/08/social-networking-usage-2005-2015/

120. Meyer, J. (2018, September 24). How Russia helped swing the election for Trump. *New Yorker*. Retrieved June 30, 2019, from https://www.newyorker.com/magazine/2018/10/01/how-russia-helped-to-swing-the-election-for-trump

121. Petrocelli, J. V. (2018). Antecedents of bullshitting. *Journal of Experimental Social Psychology, 76*, 249–258. https://doi.org/10.1016/j.jesp.2018.03.004

122. Bacon, F. T. (1979). Credibility of repeated statements: Memory for trivia. *Journal of Experimental Psychology: Human Learning & Memory, 5*, 241–252. https://doi.org/10.1037/0278-7393.5.3.241

123. Fazio, L. K., Brashier, N. M., Payne, B. K., & Marsh, E. J. (2015). Knowledge does not protect against illusory truth. *Journal of Experimental Psychology: General, 144*, 993–1002. https://doi.org/10.1037/xge0000098

第5章 感受：情绪如何引起偏见？

124. Inbar, Y., Pizarro, D. A., & Bloom, P. (2009). Conservatives are more easily disgusted than liberals. *Cognition & Emotion, 23*, 714–725, pp. 725. https://doi.org/10.1080/02699930802110007

125. Ibid.

126. Crawford, J.T., Inbar, Y., & Maloney, V. (2014). Disgust sensitivity selectively predicts attitudes toward groups that threaten (or uphold) traditional sexual morality. *Personality and Individual Differences, 70,* 218-223. https://doi.org/10.1016/j.paid.2014.07.001

127. Inbar, Y., Pizarro, D. A., & Bloom, P. (2012). Disgusting smells cause decreased liking of gay men. *Emotion, 12,* 23-27. https://doi.org/10.1037/a0023984

128. Ahn,W-Y., Kishida, K.T., Gu, X., Lohrenz, T., Harvey, A, Alford, J.R., Smith, K.B., Yaffe, G., Hibbing, J.R., Dayan, P., & Montague, P.R. (2014). Nonpolitical images evoke neural predictors of political ideology. *Current Biology, 24*, 2693–2699. https://doi.org/10.1016/j.cub.2014.09.050

129. Hume, D. (n.d.). A Treatise of Human Nature, by David Hume: Sect. ii. Moral Distinctions Derived from a Moral Sense. Retrieved from https://ebooks.adelaide.edu.au/h/hume/david/treatise-of-human-nature/B3.1.2.html

130. Clore, G. (2018). The Impact of Affect Depends on its Object. In A. Fox, R. Lapate, A. Shackman, & R. Davidson (Eds.), *The Nature of Emotion: Fundamental* Questions (2nd ed.). Oxford, UK: Oxford University Press.

131. imperative. (n.d.). *Merriam Webster.* Retrieved from https://www.merriam-webster.com/dictionary/imperative

132. Klein, C. (2015). *What the Body Commands: The Imperative Theory of Pain.* Cambridge, MA: MIT Press, pp. 4.

133. Axelrod, F. B., & Gold-von Simson, G. (2007). Hereditary sensory and autonomic neuropathies: types II, III, and IV. *Orphanet Journal of Rare Diseases, 2*, 1-12. https://doi.org/10.1186/1750-1172-2-39

134. Rainville, P. (2002). Brain mechanisms of pain affect and pain modulation. *Current Opinion in Neurobiology, 12*, 195–204. https://doi.org/10.1016/S0959-4388(02)00313-6

135. MacDonald, G., & Leary, M. R. (2005). Why does social exclusion hurt? The relationship between social and physical pain. *Psychological Bulletin, 131*, 202–223. https://doi.org/10.1037/0033-2909.131.2.202

136. Panksepp, J., Herman, B.H., Conner, R., Bishop, P.E., & Scott, J.P. (1978). The biology of social attachments: opiates alleviate separation distress. *Biological psychiatry, 13*, 607-18.

137. Eisenberger, N. I. (2003). Does Rejection Hurt? An fMRI Study of Social Exclusion. *Science, 302*, 290–292. https://doi.org/10.1126/science.1089134

138. Silk, J. B. (2003). Social Bonds of Female Baboons Enhance Infant Survival. *Science*, 302, 1231–1234. https://doi.org/10.1126/science.1088580

139. Schwarz, N., & Clore, G. L. (1983). Mood, misattribution, and judgments of well-being: Informative and directive functions of affective states. *Journal of Personality and Social Psychology, 45*, 519. https://psycnet.apa.org/doi/10.1037/0022-3514.45.3.513

140. Ibid. pp. 519.

141. Depression and Other Common Mental Disorders: Global Health Estimates. (2017). Geneva: World Health Organization. Licence: CC BY-NC-SA 3.0 IGO.

142. Clore, G. L., & Palmer, J. (2009). Affective guidance of intelligent agents: How emotion controls cognition. *Cognitive Systems Research, 10*, 21–30. https://doi.org/10.1016/j.cogsys.2008.03.002

143. Watkins, E. R. (2008). Constructive and unconstructive repetitive thought. *Psychological Bulletin, 134*, 163–206. https://doi.org/10.1037/0033-2909.134.2.163

144. Nolen-Hoeksema, S. (2000). The role of rumination in depressive disorders and mixed anxiety/depressive symptoms. *Journal of Abnormal Psychology, 109*, 504-511. https://doi.org/101037/10021-843X.109.3.504

145. Spasojević, J., & Alloy, L. B. (2001). Rumination as a common mechanism relating depressive risk factors to depression. *Emotion, 1*, 25-37. https://doi.org/10.1037//1528-3542.1.1.25

146. Watkins, E., Moberly, N. J., & Moulds, M. L. (2008). Processing mode causally influences emotional reactivity: Distinct effects of abstract versus concrete construal on emotional response. *Emotion, 8*, 364–378. https://doi.org/10.1037/1528-3542.8.3.364

147. Schnall, S., Haidt, J., Clore, G. L., & Jordan, A. H. (2008). Disgust as Embodied Moral Judgment. *Personality and Social Psychology Bulletin, 34*, 1096–1109. https://doi.org/10.1177/0146167208317771

148. D'Olimpio, L. (2016, June 2). The trolley dilemma: would you kill one person to save five? *The Conversation.* Retrieved from http://theconversation.com/the-trolley-dilemma-would-you-kill-one-person-to-save-five-57111

149. Stefanucci, J. K., & Storbeck, J. (2009). Don't look down: Emotional arousal elevates height perception. *Journal of Experimental Psychology: General, 138*, 131–145. https://doi.org/10.1037/a0014797

150. Ibid.

151. Phelps, Ling, & Carrasco, (2006). Emotion facilitates perception and potentiates the perceptual benefits of attention. *Psychological Science, 17*, 292–299. https://doi.org/10.1111/j.1467-9280.2006.01701.x

152. Stefanucci, J. K., Proffitt, D. R., Clore, G. L., & Parekh, N. (2008). Skating down a Steeper Slope: Fear Influences the Perception of Geographical Slant. *Perception, 37*, 321–323. https://doi.org/10.1068/p5796

153. Rachman, S., & Cuk, M. (1992). Fearful distortions. *Behaviour Research and Therapy, 30*, 583-589, pp. 583. https://doi.org/10.1016/0005-7967(92)90003-Y

154. Riener, C. R., Stefanucci, J. K., Proffitt, D. R., & Clore, G. (2011). An effect of mood on the perception of geographical slant. *Cognition & Emotion, 25*, 174–182. https://doi.org/10.1080/02699931003738026

155. Clore, G. L., & Palmer, J. (2009). Affective guidance of intelligent agents: How emotion controls cognition. *Cognitive Systems Research, 10*, 21–30. https://doi.org/10.1016/j.cogsys.2008.03.002

156. Leibovich, T., Cohen, N., & Henik, A. (2016). Itsy bitsy spider? *Biological Psychology, 121*, 138–145. https://doi.org/10.1016/j.biopsycho.2016.01.009

157. Vasey, M. W., Vilensky, M. R., Heath, J. H., Harbaugh, C. N., Buffington, A. G., & Fazio, R. H. (2012). It was as big as my head, I swear! *Journal of Anxiety Disorders, 26*, 20–24. https://doi.org/10.1016/j.janxdis.2011.08.009

158. Witt, J. K., & Sugovic, M. (2013). Spiders appear to move faster than non-threatening objects regardless of one's ability to block them. *Acta Psychologica, 143*, 284–291. https://doi.org/10.1016/j.actpsy.2013.04.011

159. Cole, S., Balcetis, E., & Dunning, D. (2012b). Affective Signals of Threat Increase Perceived Proximity. *Psychological Science, 24*, 34–40. https://

doi.org/10.1177/0956797612446953

160. This Stanford Psychologist Won A MacArthur Genius Grant For Showing How Unconsciously Racist Everybody Is. (n.d.). Retrieved June 30, 2019, from https://www.businessinsider.com/stanford-psychologist-macarthur-genius-on-racism-2014-9?international=true&r=US&IR=T

162. MacArthur Foundation. (2014, September 16). Social Psychologist Jennifer L. Eberhardt, 2014 MacArthur Fellow. Retrieved October 25, 2019, from https://www.youtube.com/watch?v=lsV8kiDtN78

163. Eberhardt, J.L., Davies, P.G., Purdie-Vaughns, V.J., & Johnson, S.L. (2006). Looking deathworthy: Perceived stereotypicality of black defendants predicts capital-sentencing 0utcomes. *Psychological Science, 17*, 383–386. https://doi.org/10.1111/j.1467-9280.2006.01716.x

164. Correll, J., Park, B., Judd, C. M., & Wittenbrink, B. (2007). The influence of stereotypes on decisions to shoot. *European Journal of Social Psychology, 37*, 1102–1117. https://doi.org/10.1002/ejsp.450

第6章 语言：体验式阅读带来的意外效果

165. Kendon A. (2017). Reflections on the "gesture-first" hypothesis of language origins. *Psychonomic Bulletin & Review, 24*, 163-170. https://doi.org10.3758/s13423-016-1117-3

166. Króliczak, G., Piper, B. J., & Frey, S. H. (2011). Atypical lateralization of language predicts cerebral asymmetries in parietal gesture representations. *Neuropsychologia, 49*, 1698–1702. https://doi.org/10.1016/j.neuropsychologia.2011.02.044

167. Vainio, L., Schulman, M., Tiippana, K., & Vainio, M. (2013). Effect of syllable articulation on precision and power grip performance. *PLoS ONE, 8*, e53061. https://doi.org/10.1371/journal.pone.0053061

168. Ohala, J. (1995). The frequency code underlies the sound-symbolic use of voice pitch. In L. Hinton, J. Nichols, & J. Ohala (Eds.), *Sound Symbolism* (pp. 325-347). Cambridge, UK: Cambridge University Press. https://doi.org/10.1017/

CBO9780511751806.022

169. Schmidtke, D. S., Conrad, M., & Jacobs, A. M. (2014). Phonological iconicity. *Frontiers in Psychology*, 5. https://doi.org/10.3389/fpsyg.2014.00080

170. Rhenisch, A. (2015, February 18). Phonesthemes. Retrieved November 3, 2019, from https://anassarhenisch.wordpress.com/2015/02/18/phonesthemes/

171. Iverson, J. M., & Goldin-Meadow, S. (1998). Why people gesture when they speak. *Nature, 396*, 228. https://doi.org/10.1038/24300

172. Ibid.

173. Ibid, pp. 228.

174. Ping, R. M., Goldin-Meadow, S., & Beilock, S. L. (2014). Understanding gesture: Is the listener's motor system involved? *Journal of Experimental Psychology: General, 143*, 195–204, pp. 196. https://doi.org/10.1037/a0032246

175. Goldin-Meadow, Susan. Personal interview.

176. McNeill, D. (1996). *Hand and Mind: What Gestures Reveal about Thought*. Chicago, IL: University of Chicago Press.

177. Goldin-Meadow, S. (1997). When Gestures and words speak differently. *Current Directions in Psychological Science, 6*, 138–143. https://doi.org/10.1111/1467-8721.ep10772905

178. LeBarton, E. S., Goldin-Meadow, S., & Raudenbush, S. (2013b). Experimentally induced increases in early gesture lead to increases in spoken vocabulary. *Journal of Cognition and Development, 16*, 199–220. https://doi.org/10.1080/15248372.2013.858041

179. Novack, M. A., Congdon, E. L., Hemani-Lopez, N., & Goldin-Meadow, S. (2014). From action to abstraction. *Psychological Science, 25*, 903–910. https://doi.org/10.1177/0956797613518351

180. Day, N. (2013, Autumn 3). How Pointing Makes Babies Human [Blog post]. *Slate*. Retrieved June 30, 2019, from https://slate.com/gdpr?redirect_uri=%2Fhuman-interest%2F2013%2F03%2Fresearch-on-babies-and-pointing-reveals-the-actions-importance.html%3Fvia%3Dgdpr-consent&redirect_host=https%3A%2F%2Fslate.com

181. Iverson, J. M., & Goldin-Meadow, S. (2005). Gesture paves the way for language development. *Psychological Science, 16*, 367–371. https://doi.org/10.1111/j.0956-7976.2005.01542.x

182. Howe, C. J. (1977). P. M. Greenfield and J. H. Smith: *The structure of communication in early language development.* New York: Academic Press, 1976. Pp. xi + 238. *Journal of Child Language, 4*, 479–483. https://doi.org/10.1017/S0305000900001811

183. Tomasello, M., Hare, B., Lehmann, H., & Call, J. (2007). Reliance on head versus eyes in the gaze following of great apes and human infants: the cooperative eye hypothesis. *Journal of Human Evolution, 52*, 314-320. https://doi:10.1016/j.jhevol.2006.10.001

184. Ferry, A. L., Hespos, S. J., & Waxman, S. R. (2010). Categorization in 3- and 4-month-old infants: An advantage of words over tones. *Child Development, 81*, 472–479. https://doi.org/10.1111/j.1467-8624.2009.01408.x

185. *Merriam Webster.* Retrieved from https://www.merriam-webster.com/dictionary/taxicab

186. Harnad, S. (1990). The symbol grounding problem. *Physica D: Nonlinear Phenomena, 42*, 335-346. https://doi.org/10.1016/0167-2789(90)90087-6

187. Glenberg, A.M., Sato, M., Cattaneo, L., Riggio, L., Palumbo, D., & Buccino, G. (2008). Processing abstract language modulates motor system activity. *Quarterly Journal of Experimental Psychology, 61*, 905-919. https://doi.org/10.1080/17470210701625550

188. Hauk, O., Johnsrude, I., & Pulvermüller, F. (2004). Somatotopic representation of action words in human motor and premotor cortex. *Neuron, 41*, 301–307. https://doi.org/10.1016/S0896-6273(03)00838-9

189. Carota, F., Moseley, R., & Pulvermüller, F. (2012). Body-part-specific representations of semantic noun categories. *Journal of Cognitive Neuroscience, 24*, 1492–1509. https://doi.org/10.1162/jocn_a_00219

190. Willems, R. M. (2009). Body-specific motor imagery of hand actions:

neural evidence from right- and left-handers. *Frontiers in Human Neuroscience, 3.* https://doi.org/10.3389/neuro.09.039.2009

191. Dreyer, F. R., & Pulvermüller, F. (2018). Abstract semantics in the motor system? – An event-related fMRI study on passive reading of semantic word categories carrying abstract emotional and mental meaning. *Cortex, 100*, 52–70. https://doi.org/10.1016/j.cortex.2017.10.021

192. Havas, D. A., Glenberg, A. M., Gutowski, K. A., Lucarelli, M. J., & Davidson, R. J. (2010). Cosmetic Use of Botulinum Toxin-A Affects Processing of Emotional Language. *Psychological Science, 21*, 895-900. https://doi.org/10.1177/0956797610374742

193. Challenges to Botox threaten a market makeover. (2018, March 8). Retrieved June 30, 2019, from https://www.ft.com/content/49570b38-221f-11e8-9a70-08f715791301

194. About Botulism | Botulism | CDC. (n.d.). Retrieved June 30, 2019, from https://www.cdc.gov/botulism/general.html

195. Defazio, G., Abbruzzese, G., Girlanda, P., Vacca, L., Currà, A., De Salvia, R., & Berardelli, A. (2002). Botulinum toxin a treatment for primary hemifacial spasm. *Archives of Neurology, 59*, 418. https://doi.org/10.1001/archneur.59.3.418

196. Khalil, M., Zafar, H. W., Quarshie, V., & Ahmed, F. (2014). Prospective analysis of the use of OnabotulinumtoxinA (BOTOX) in the treatment of chronic migraine; real-life data in 254 patients from Hull, UK. *The Journal of Headache and Pain, 15*, 1-9. https://doi.org/10.1186/1129-2377-15-54

197. Gooriah, R., & Ahmed, F. (2015). OnabotulinumtoxinA for chronic migraine: a critical appraisal. *Therapeutics and Clinical Risk Management, 11*, 1003-1013. https://doi.org/10.2147/TCRM.S76964

198. Baumeister, J.-C., Papa, G., & Foroni, F. (2016). Deeper than skin deep- The effect of botulinum toxin-A on emotion processing. *Toxicon, 118*, 86–90. https://doi.org/10.1016/j.toxicon.2016.04.044

199. Santana, E., & de Vega, M. (2011). Metaphors are embodied, and so

are their literal counterparts. *Frontiers in Psychology, 2.* https://doi.org/10.3389/fpsyg.2011.00090

200. Glenberg, A. (2011). How reading comprehension is embodied and why that matters. *International Electronic Journal of Elementary Education, 4,* 5-18, pp. 11.

201. Ibid, pp. 15.

202. Walker, I., & Hulme, C. (1999). Concrete words are easier to recall than abstract words: Evidence for a semantic contribution to short-term serial recall. *Journal of Experimental Psychology: Learning, Memory, and Cognition, 25,* 1256-1271. https://doi.org/10.1037/0278-7393.25.5.1256

203. Jefferies, E., Patterson, K., Jones, R. W., & Lambon Ralph, M. A. (2009). Comprehension of concrete and abstract words in semantic dementia. *Neuropsychology, 23,* 492–499. https://doi.org/10.1037/a0015452

204. Pinker, S. (2014). *The Sense of Style: The Thinking Person's Guide to Writing in the 21st Century.* London, UK: Penguin Books.

205. Wittgenstein, L. (1953). *Philosophical Investigations.* Oxford, UK: Blackwell, pp. 224.

第三部分　归属感

第 7 章　联结：情感的联结是减轻焦虑的秘方

206. Spitz, R.A. (1945). Hospitalism: An inquiry into the genesis of psychiatric conditions in early childhood. *The Psychoanalytic Study of the Child, 1,* 53–74. https://doi.org/10.1080/00797308.1945.11823126

207. Neonatology on the Web: Crandall, Hospitalism, 1897. (n.d.). Retrieved from http://www.neonatology.org/classics/crandall.html

208. Cone, T.E. (1980). Perspectives in neonatology. In G. Smith & D. Vidyasagar (Eds.), *Historical Review and Recent Advances in Neonatal and Perinatal Medicine* (p. 1). Retrieved from http://www.neonatology.org/classics/

mj1980/ch02.html

209. Karen, R. (1998). *Becoming Attached: First Relationships and how They Shape Our Capacity to Love*. Oxford, UK: Oxford University Press.

210. Ibid, pp. 25.

211. Berkman, L.F., & Syme, S.L. (1979). Social networks, host resistance, and mortality: A nine-year follow-up study of Alameda County residents.. *American Journal of Epidemiology, 109*, 186–204. https://doi.org/10.1093/oxfordjournals.aje.a112674

212. Ertel, K.A., Glymour, M.M., & Berkman, L.F. (2009). Social networks and health: A life course perspective integrating observational and experimental evidence. *Journal of Social and Personal Relationships, 26*, 73–92. https://doi.org/10.1177/0265407509105523

Roper, S. O., & Yorgason, J.B. (2009). Older adults with diabetes and osteoarthritis and their spouses: Effects of activity limitations, marital happiness, and social contacts on partners' daily mood. *Family Relations, 58*, 460–474. https://doi.org/10.1111/j.1741-3729.2009.00566.x

Yorgason, J.B., Roper, S.O., Sandberg, J.G., & Berg, C.A. (2012). Stress spillover of health symptoms from healthy spouses to patient spouses in older married couples managing both diabetes and osteoarthritis. *Families, Systems, & Health, 30*, 330–343. https://doi.org/10.1037/a0030670

Uchino, B.N. (2006). Social support and health: A review of physiological processes potentially underlying links to disease outcomes. *Journal of Behavioral Medicine, 29*, 377–387. https://doi.org/10.1007/s10865-006-9056-5

Dayton, L. (2013, September 13). Social support network may add to longevity. *Los Angeles Times*.

213. Holt-Lunstad1, J., Smith, T.B., & Layton, J.B. (2010) Social relationships and mortality risk: A meta-analytic review. *PLoS | Medicine*. e1000316. https://doi.org/10.1371/journal.pmed.1000316

214. Frame, S. (2017, October 18). Julianne Holt-Lunstad Probes Loneliness, Social Connections. Retrieved June 30, 2019, from https://www.apa.org/members/

content/holt-lunstad-loneliness-social-connections

215. Abulafia, D. (2014, January 24). 'Inventing the Individual', by Larry Siedentop. Retrieved June 30, 2019, from https://www.ft.com/content/26722be8-81f1-11e3-87d5-00144feab7de

216. Etymology. (n.d.). Retrieved from https://www.etymonline.com/word/individualism

217. Harlow, H.F. (1958). The nature of love. *American Psychologist, 13*, 673-685.

218. Ibid, pp. 677.

219. Morrison I, Löken L.S., & Olausson H. (2010). The skin as a social organ. *Experimental Brain Research, 204*, 305–314. https://doi.org/10.1007/s00221-009-2007-y

220. Lehmann J, Korstjens A.H., Dunbar R.I.M. (2007) Group size, grooming and social cohesion in primates. *Animal Behavior, 74*, 1617–1629. https://doi.org/10.1016/j.anbehav.2006.10.025

221. Olausson, H., Lamarre, Y., Backlund, H., Morin, C., Wallin, B.G., Starck, G., Ekholm, S., Strigo, I., Worsely, K., Vallbo, A.B., Bushnell, M.C. (2002). Unmyelinated tactile afferents signal touch and project to insular cortex. *Nature Neuroscience, 5*, 900–904. https://doi.org/10.1038/nn896

222. Coan, Jim. Personal interview.

223. Coan, J.A., Beckes, L., Gonzalez, M.Z., Maresh, E.L., Brown, C.L. & Hasselmo, K. (2018). Relationship status and perceived support in the social regulation of neural responses to threat.
Social Cognitive and Affective Neuroscience, 12, 1574–1583. https://doi.org/10.1093/scan/nsx091

224. Coan, J.A., & Sbarra, D.A. (2015). Social baseline theory: The social regulation of risk and effort. *Current Opinion in Psychology, 1*, 87–91. https://doi.org/10.1016/j.copsyc.2014.12.021

225. Coan, J.A., Beckes, L., Gonzalez, M.Z., Maresh, E.L., Brown, C.L., & Hasselmo, K. (2017). Relationship status and perceived support in the

social regulation of neural responses to threat. *Social Cognitive and Affective Neuroscience, 12*, 1574–1583, pp. 1580. https://doi.org/10.1093/scan/nsx091

226. Doerrfeld, A., Sebanz, N, & Shiffrar, M. (2012). Expecting to lift a box together makes the load look lighter. *Psychological Research, 76*, 467–475. https://doi.org/10.1007/s00426-011-0398-4

227. Schnall, S., Harber, K.D., Stefanucci, J.K., & Proffitt, D.R. (2008). Social support and the perception of geographical slant. *Journal of Experimental Social Psychology, 44*, 1246-1255. https://doi.org/10.1016/j.jesp.2008.04.011

228. Goldberg, J. (2016, July 30). It Takes A Village To Determine The Origins Of An African Proverb. *NPR*. Retrieved from https://www.npr.org/sections/goatsandsoda/2016/07/30/487925796/it-takes-a-village-to-determine-the-origins-of-an-african-proverb

229. Hrdy, S.B. (2009). *Mothers and others: The evolutionary origins of mutual understanding*. Cambridge, MA: Harvard University Press.

230. Hrdy, S.B. (2005). Comes the child before man: How cooperative breeding and prolonged postweaning dependence shaped human potential. In B.S. Hewlett (Ed.), *Hunter-Gatherer Childhoods Evolutionary, Developmental, and Cultural Perspectives* (pp. 65–91). New York, NY: Routledge.

231. Townsley, G. (2009, October 26). Challenging a Paradigm. NOVA. Retrieved from https://www.pbs.org/wgbh/nova/article/evolution-motherhood/

232. Kruger, A. C., & Konner, M. (2010). Who responds to crying? *Human Nature, 21*, 309–329. https://doi.org/10.1007/s12110-010-9095-z

233. Hrdy, S.B. (2016). Development plus social selection in the emergence of "emotionally modern" humans. In C. Meehan & A. Crittenden (Eds.), *Childhood: Origins, Evolution, and Implications* (pp. 11–44). Albuquerque, NM: University of New Mexico Press, pp. 12.

234. Kringelbach, M.L., Lehtonen, A., Squire, S., Harvey, A.G., Craske, M.G., Holliday, I.E., Stein, A. (2008). A specific and rapid neural signature for parental instinct. *PloS|ONE, 3*, e1664. https://doi.org/10.1371/journal.pone.0001664

235. Glocker, M.L., Langleben, D.D., Ruparel, K., Loughead, J.W., Gur, R.C.,

& Sachser, N. (2009). Baby schema in infant faces induces cuteness perception and motivation for caretaking in adults. *Ethology*, *115*, 257–263. https://doi.org/10.1111/j.1439-0310.2008.01603.x

236. Baer, D. (2016, June 23). France Has More Babies Than Everybody in Europe Because of Day Care and Prussia. *The Cut / New York Magazine*. Retrieved from https://www.thecut.com/2016/06/france-has-more-babies-than-everybody-in-europe.html

237. Centrone, I. (2019, July 3). Japan Has Too Many Abandoned Schools — so They're Turning Them Into Community Centers and Aquariums. *Travel + Leisure*. Retrieved from https://www.travelandleisure.com/culture-design/abandoned-schools-in-japan-transformed-into-cultural-centers

238. Livingston, G. (2019, August 8). Hispanic women no longer account for the majority of immigrant births in the U.S. *Pew Research Center*. Retrieved from https://www.pewresearch.org/fact-tank/2019/08/08/hispanic-women-no-longer-account-for-the-majority-of-immigrant-births-in-the-u-s/

239. Karen, R. (1998). *Becoming attached: First relationships and how they shape our capacity to love*. Oxford, UK: Oxford University Press, pp. 89.

240. Lorenz, K. (1935). Der Kumpan in der Umwelt des Vogels. Der Artgenosse als auslösendes Moment sozialer Verhaltensweisen. *Journal für Ornithologie, 83*, 137–215, 289–413.

241. Karen, R. (1998). *Becoming attached: First relationships and how they shape our capacity to love*. Oxford, UK: Oxford University Press, pp. 90.

242. Baer, D. (2016, June 17). This Revolutionary Parenting Insight Will Help Your Love Life. *New York Magazine / The Cut*. Retrieved from https://www.thecut.com/2016/11/why-people-project-their-parents-on-their-partners.html

243. Ibid.

244. Ein-Dor, T., & Tal, O. (2012). Scared saviors: Evidence that people high in attachment anxiety are more effective in alerting others to threat. *European Journal of Social Psychology, 42*, 667–671. https://doi.org/10.1002/ejsp.1895

245. Baer, D. (n.d.). This is How You Raise Successful Teens. Retrieved

October 20, 2017, from https://thriveglobal.com/stories/this-is-how-you-raise-successful-teens/

246. Bennett, D.A., Schneider, J.A., Tang, Y., Arnold, S.E. & Wilson, R.S. The effect of social networks on the relation between Alzheimer's disease pathology and level of cognitive function in old people: a longitudinal cohort study. *Lancet Neurology, 5*, 406–412. https://doi.org/10.1016/S1474-4422(06)70417-3

第 8 章 认同：群体仇恨从何处来？

247. Brooks, D. (2016, July 15). We take care of our own. Retrieved December 4, 2019, from https://www.nytimes.com/2016/07/15/opinion/we-take-care-of-our-own.html

248. Rusch, H. (2014). The evolutionary interplay of intergroup conflict and altruism in humans: a review of parochial altruism theory and prospects for its extension. *Proceedings of the Royal Society B: Biological Sciences, 281*, 20141539–20141539. https://doi.org/10.1098/rspb.2014.1539

249. https://www.smithsonianmag.com/science-nature/ancient-brutal-massacre-may-be-earliest-evidence-war-180957884/

250. https://www.clingendael.org/sites/default/files/pdfs/20060800_cdsp_occ_leitenberg.pdf

251. https://www.ncbi.nlm.nih.gov/pmc/articles/PMC4252077/

252. Hastorf, A. H., & Cantril, H. (1954). They saw a game; a case study. *The Journal of Abnormal and Social Psychology, 49*, 129-134.

253. Ibid, pp. 133.

254. Ibid.

255. Kahan, D. (2011, May 4). What Is Motivated Reasoning and How Does It Work? - Science and Religion Today. Retrieved November 22, 2019, from http://www.scienceandreligiontoday.com/2011/05/04/what-is-motivated-reasoning-and-how-does-it-work/

256. Kahan, D.M., Peters, E., Dawson, E.C., & Slovic, P. (2017). Motivated numeracy and enlightened self-government. *Behavioural Public Policy, 1*, 54-86.

htttps://doi.org/10.1017/bpp.2016.2

257. Klein, E. (2014, April 6). How politics makes us stupid. *Vox*. Retrieved from https://www.vox.com/2014/4/6/5556462/brain-dead-how-politics-makes-us-stupid

258. Letzter, R. (2018, June 4). How do DNA ancestry tests really work? *Live Science*. Retrieved from https://www.livescience.com/62690-how-dna-ancestry-23andme-tests-work.html

259. Crawford, N.G., Kelly, D.E., Hansen M.E.B., Beltrame, M.H., Fan, S., Bowman, S.L., Jewett, E., Ranciaro, A., Thompson, S., Lo, Y., Pfeifer, S.P., Jensen, J.D., Campbell, M.C., Beggs, W., Hormozdiari, F., Mpoloka, S.W., Mokone, G.G., Nyambo, T., Meskel, D.W., Belay, G., Haut, J., Rothschild, H., Zon, L., Zhou, Y., Kovacs, M.A., Xu, M., Zhang, T., Bishop, K., Sinclair, J., Rivas, C., Elliot, E., Choi, J., Li, S.A., Hicks, B., Burgess, S., Abnet, C., Watkins-Chow, D.E., Oceana, E., Song, Y.S., Eskin, E., Brown, K.M., Marks, M.S., Loftus, S.K., Pavan, W.J., Yeager, M., Chanock, S., Tishkoff, S.A. (2017). Loci associated with skin pigmentation identified in African populations. *Science, 358*, eaan8433. https://doi.org/10.1126/science.aan8433

260. Luscombe, B. (n.d.). What Police Departments and the Rest of Us Can Do to Overcome Implicit Bias, According to an Expert. Retrieved 3, 2019, from https://time.com/5558181/jennifer-eberhardt-overcoming-implicit-bias/

261. Bruneau, E.G., Cikara, M., & Saxe, R. (2015). Minding the gap: Narrative descriptions about mental states attenuate parochial empathy. *PLOS|ONE, 10*, e0140838. https://doi.org/10.1371/journal.pone.0140838

262. Kelly, D.J., Quinn, P.C., Slater, A.M., Lee, K., Gibson, A., Smith, M., & Pascalis, O. (2005). Three-month-olds, but not newborns, prefer own-race faces. *Developmental Science, 8*, F31–F36. https://doi.org/10.1111/j.1467-7687.2005.0434a.x

263. Kelly, D.J., Quinn, P.C., Slater, A.M., Lee, K., Ge, L., & Pascalis, O. (2007). The Other-race effect develops during infancy. *Psychological Science, 18*, 1084–1089. https://doi.org/10.1111/j.1467-9280.2007.02029.x

264. Ibid.

265. Sangrigoli, S., Pallier, C., Argenti, A.M., Ventureyra, V.A.G., & de Schonen, S. (2005). Reversibility of the other-race effect in face recognition during childhood. *Psychological Science, 16*, 440–444. https://doi.org/10.1111/j.0956-7976.2005.01554.x

266. Tham, D.S.Y., Bremner, J.G., & Hay, D. (2017). The other-race effect in children from a multiracial population: A cross-cultural comparison. *Journal of Experimental Child Psychology, 155*, 128–137. https://doi.org/10.1016/j.jecp.2016.11.006

267. Hughes, C., Babbitt, L.G., & Krendl, A.C. (2019). Culture Impacts the neural response to perceiving outgroups among black and white faces. *Frontiers in Human Neuroscience, 13*. https://doi.org/10.3389/fnhum.2019.00143

268. Davis, M.M., Hudson, S.M., Ma, D.S., & Correll, J. (2015). Childhood contact predicts hemispheric asymmetry in cross-race face processing. *Psychonomic Bulletin & Review, 23*, 824–830. https://doi.org/10.3758/s13423-015-0972-7

269. Eberhardt, J.L., Goff, P.A., Purdie, V.J., & Davies, P.G. (2004). Seeing black: Race, crime, and visual processing. *Journal of Personality and Social Psychology, 87*, 876–893. https://doi.org/10.1037/0022-3514.87.6.876

270. Flynn, K. (2019, February 8). How Nextdoor is using verified location data to quietly build a big ads business. *Digiday*. Retrieved from https://digiday.com/marketing/nextdoor-ads-verified-homeowners/

O'Reilly, L. (2019, June 27). How a small design tweak reduced racial profiling on Nextdoor by 75%. *Yahoo! Finance*. Retrieved from https://finance.yahoo.com/news/how-a-small-design-tweak-cut-racial-profiling-on-nextdoor-by-75-070000670.html

271. N. Brinkerhoff (personal communication, Dec 11 2019).

272. Tanaka, J.W., Heptonstall, B., & Hagen, S. (2013). Perceptual expertise and the plasticity of other-race face recognition. *Visual Cognition, 21*, 1183–1201. https://doi.org/10.1080/13506285.2013.826315

Tanaka, J. W., & Pierce, L. J. (2009). The neural plasticity of other-race face recognition. *Cognitive, Affective and Behavioral Neuroscience, 9,* 122–131. https://doi.org/10.3758/CABN.9.1.122

273. Chiao, J.Y., Heck, H.E., Nakayama, K., & Ambady, N. (2006). Priming race in biracial observers affects visual search for black and white faces. *Psychological Science, 17,* 387–392. https://doi.org/10.1111/j.1467-9280.2006.01717.x

274. Jacobson, M.F. (1999). *Whiteness of a different color: European immigrants and the alchemy of race.* Harvard, MA: Harvard University Press.

275. Minio-Paluello, I., Baron-Cohen, S., Avenanti, A., Walsh, V., & Aglioti, S.M. (2009). Absence of embodied empathy during pain observation in Asperger syndrome. *Biological Psychiatry, 65,* 55–62. https://doi.org/10.1016/j.biopsych.2008.08.006

276. Ibid.

277. Holroyd, J., Scaife, R., & Stafford, T. (2017). Responsibility for implicit bias. *Philosophy Compass, 12,* e12410. https://doi.org/10.1111/phc3.12410

278. Hein, G., Silani, G., Preuschoff, K., Batson, C.D., & Singer, T. (2010). Neural responses to ingroup and outgroup members' suffering predict individual differences in costly helping. *Neuron, 68,* 149–160. https://doi.org/10.1016/j.neuron.2010.09.003

279. Dunham, Y., Baron, A.S., & Carey, S. (2011). Consequences of "minimal" group affiliations in children. *Child Development, 82,* 793–811. https://doi.org/10.1111/j.1467-8624.2011.01577.x

280. Gaesser, B., & Schacter, D.L. (2014). Episodic simulation and episodic memory can increase intentions to help others. *Proceedings of the National Academy of Sciences, 111,* 4415–4420. https://doi.org/10.1073/pnas.1402461111

281. Batson, C.D., Chang, J., Orr, R., & Rowland, J. (2002). Empathy, attitudes, and action: Can feeling for a member of a stigmatized group motivate one to help the group? *Personality and Social Psychology Bulletin, 28,* 1656–1666. https://doi.org/10.1177/014616702237647

282. Gordon-Reed, A. (2011, June 13). "Uncle Tom's Cabin" and the Art of Persuasion. *The New Yorker*. Retrieved from https://www.newyorker.com/magazine/2011/06/13/the-persuader-annette-gordon-reed

283. History.com Editors. (2019, February 7). Harriet Beecher Stowe. Retrieved December 14, 2019, from https://www.history.com/topics/american-civil-war/harriet-beecher-stowe#section_3

284. Bartleby. (n.d.). II. In the First Debate with Douglas by Abraham Lincoln. America: II. (1818-1865). Vol. IX. Bryan, William Jennings, ed. 1906. The World's Famous Orations. Retrieved December 14, 2019, from https://www.bartleby.com/268/9/23.html

285. Vollaro, D. (2009). Lincoln, Stowe, and the "Little Woman/Great War" Story: The Making, and Breaking, of a Great American Anecdote. *Journal of the Abraham Lincoln Association*, *30*(1), 18–24. Retrieved from https://quod.lib.umich.edu/j/jala/2629860.0030.104/--lincoln-stowe-and-the-little-womangreat-war-story-the-making?rgn=main;view=fulltext

286. Kayaoğlu, A., Batur, S., & Aslıtürk, E. (2014, November). The unknown Muzafer Sherif | The Psychologist. Retrieved June 30, 2019, from https://thepsychologist.bps.org.uk/volume-27/edition-11/unknown-muzafer-sherif

287. Shariatmadari, D. (2018, April 16). A real-life Lord of the Flies: the troubling legacy of the Robbers Cave experiment. *The Guardian*. Retrieved from https://www.theguardian.com/science/2018/apr/16/a-real-life-lord-of-the-flies-the-troubling-legacy-of-the-robbers-cave-experiment

288. Perry, G. (2014, November). The view from the boys. Retrieved from https://thepsychologist.bps.org.uk/volume-27/edition-11/view-boys

289. Ibid.

290. McCammon, S. (2018, September 22). The Cajun Navy: Heroes or Hindrances in Hurricanes? *NPR*. Retrieved from https://www.npr.org/2018/09/22/650636356/the-cajun-navy-heroes-or-hindrances-in-hurricanes

Markowitz, M. (2017, December 7). "We'll Deal with the Consequences Later": The Cajun Navy and the Vigilante Future of Disaster Relief. *GQ*. Retrieved from https://www.gq.com/story/cajun-navy-and-the-future-of-vigilante-disaster-relief

291. Moore, D. (n.d.). Bush Job Approval Highest in Gallup History [Dataset]. Retrieved September 24, 2001, from https://news.gallup.com/poll/4924/bush-job-approval-highest-gallup-history.aspx

第9章 文化适应：水稻文化与小麦文化

292. Grosjean, P. (2014). A history of violence: The culture of honor and homicide in the US south. *Journal of the European Economic Association, 12*, 1285–1316. https://doi.org/10.1111/jeea.12096

293. Nisbett, R.E., & Cohen, D. (1996). *Culture of honor: The psychology of violence in the south (New directions in Social Psychology)* (1st ed.). Boulder, CO: Westview Press.

294. Nisbett, R. E. (1993). Violence and U.S. regional culture. *American Psychologist. 48*, 441-449. https://doi.org/10.1037/0003-066X.48.4.441

295. Cohen, D., Nisbett, R. E., Bowdle, B. F., & Schwarz, N. (1996). Insult, aggression, and the southern culture of honor: An "experimental ethnography." *Journal of Personality and Social Psychology*, *70*, 945–960. https://doi.org/10.1037/0022-3514.70.5.945

296. Busatta, S. (2006). Honour and shame in the Mediterranean. *Antropologia Culturale, 2,* 75-78. https://www.academia.edu/524890/Honour_and_Shame_in_the_Mediterranean

297. seppuku | Definition, History, & Facts. (n.d.). Retrieved July 1, 2019, from https://www.britannica.com/topic/seppuku

298. Anderson, E. (2000). *Code of the street: Decency, violence, and the moral life of the inner city.* New York, NY: W. W. Norton.

299. Baer, D. (2016a, July 14). Gun Violence Is Like an STI in the Way It Moves Between People. Retrieved from https://www.thecut.com/2016/07/gun-violence-is-like-an-sti.html

300. Fischer, D.H. (1989). *Albion's seed: Four British folkways in America.*

Oxford, UK: Oxford University Press.

301. Personal interview.

302. Grosjean, P. (2014). A history of violence: The culture of honor and homicide in the US south. *Journal of the European Economic Association, 12*, 1285–1316. https://doi.org/10.1111/jeea.12096

303. Nisbett, R E., Peng, K., Choi, I., & Norenzayan, A. (2001). Culture and systems of thought: Holistic versus analytic cognition. *Psychological Review, 108*, 291–310. https://doi.org/10.1037/0033-295X.108.2.291

304. Ibid, pp. 291.

305. Talhelm, T, & Oishi, S. (2019). Culture and Ecology. In D Cohen & S. Kitayama (Eds.), *Handbook of Cultural Psychology, Second Edition*, pp. 119–143. New York, NY: Guilford.

306. Chiu, L.-H. (1972). A cross-cultural comparison of cognitive styles in Chinese and American children. *International Journal of Psychology, 7*, 235-242. https://doi.org/10.1080/00207597208246604

307. Gottlieb, P., "Aristotle on Non-contradiction", *The Stanford Encyclopedia of Philosophy* (Spring 2019 Edition), Edward N. Zalta (ed.). https://plato.stanford.edu/archives/spr2019/entries/aristotle-noncontradiction/

308. Dialetheism (Stanford Encyclopedia of Philosophy). (2018, June 22). Retrieved July 1, 2019, from https://plato.stanford.edu/entries/dialetheism/

309. Nisbett, R. (2004). *The geography of thought: How Asians and Westerners think differently...and why*. New York, NY: Free Press.

310. Vignoles, V.L., et al. (2016). Beyond the 'east–west' dichotomy: Global variation in cultural models of selfhood. *Journal of Experimental Psychology: General, 145*, 966–1000, pp. 968. https://doi.org/10.1037/xge0000175

311. Ibid.

312. Masuda, T., & Nisbett, R. E. (2001). Attending holistically versus analytically: Comparing the context sensitivity of Japanese and Americans. *Journal of Personality and Social Psychology, 81*, 922–934. https://doi.org/10.1037//0022-3514.81.5.922

313. Nisbett, Richard. Personal interview.

314. Nisbett, R.E., Peng, K., Choi, I., & Norenzayan, A. (2001). Culture and systems of thought: Holistic versus analytic cognition. *Psychological Review, 108*, 291–310. https://doi.org/10.1037/0033-295X.108.2.291

315. Varnum, M.E.W., Grossmann, I., Kitayama, S., & Nisbett, R.E. (2010). The origin of cultural differences in cognition. *Current Directions in Psychological Science, 19*, 9–13. https://doi.org/10.1177/0963721409359301

316. de Oliveira, S., & Nisbett, R.E. (2017). Beyond East and West: Cognitive style in Latin America. *Journal of Cross-Cultural Psychology, 48*, 1554–1577. https://doi.org/10.1177/0022022117730816

317. Kühnen, U., Hannover, B., Roeder, U., Shah, A.A., Schubert, B., Upmeyer, A., & Zakaria, S. (2001). Cross-cultural variations in identifying embedded figures: Comparisons from the United States, Germany, Russia, and Malaysia. *Journal of Cross-Cultural Psychology, 32*, 365–371. https://doi.org/10.1177/0022022101032003007

318. Kitayama, S., Ishii, K., Imada, T., Takemura, K., & Ramaswamy, J. (2006). Voluntary settlement and the spirit of independence: Evidence from Japan's "Northern Frontier." *Journal of Personality and Social Psychology, 91*, 369–384. https://psycnet.apa.org/doi/10.1037/0022-3514.91.3.369

319. Nisbett, R.E., & Miyamoto, Y. (2005). The influence of culture: holistic versus analytic perception. *Trends in Cognitive Sciences, 9*, 467–473. https://doi.org/10.1016/j.tics.2005.08.004

320. Uskul, A.K., Nisbett, R.E., & Kitayama, S. (2008). Ecoculture, social interdependence and holistic cognition: Evidence from farming, fishing and herding communities in Turkey. *Communicative & integrative biology, 1*, 40–41. https://doi.org/10.4161/cib.1.1.6649

321. Baer, D. (2017, February 14). Rich People Literally See the World Differently. *The Cut / New York Magazine*. Retrieved from https://www.thecut.com/2017/02/how-rich-people-see-the-world-differently.html

322. Morling, B., Kitayama, S., & Miyamoto, Y. (2002). Cultural

practices emphasize influence in the United States and adjustment in Japan. *Personality and Social Psychology Bulletin, 28*, 311-323. http://dx.doi.org/10.1177/0146167202286003

Tsai, J.L., Miao, F.F., Seppala, E., Fung, H.H., & Yeung, D.Y. (2007). Influence and adjustment goals: Sources of cultural differences in ideal affect. *Journal of Personality and Social Psychology, 92*, 1102–1117. https://doi.org/10.1037/0022-3514.92.6.1102

323. Hurwitz, M. (2014, February 27). Stereotypes Chinese People Have About Themselves. Retrieved from https://www.yoyochinese.com/blog/learn-chinese-china-regional-stereotypes

324. Talhelm, T., Zhang, X., Oishi, S., Shimin, C., Duan, D., Lan, X., & Kitayama, S. (2014). Large-scale psychological differences within China explained by rice versus wheat agriculture. *Science, 344*, 603–608. https://doi.org/10.1126/science.1246850

325. Alesina, A., Giuliano, P., & Nunn, N. (2013). On the origins of gender roles: Women and the plough. *The Quarterly Journal of Economics, 128*, 469–530. https://doi.org/10.1093/qje/qjt005

326. Talhelm, T., Zhang, X., Oishi, S., Shimin, C., Duan, D., Lan, X., & Kitayama, S. (2014). Large-scale psychological differences within China explained by rice versus wheat agriculture. *Science, 344*603–608, pp. 604. https://doi.org/10.1126/science.1246850

327. Christensen, C. (2018, July 3). China's coffee war is heating up. *China Economic Review*. Retrieved from https://chinaeconomicreview.com/chinas-coffee-war-is-heating-up/

328. Thomson, R., Yuki, M., Talhelm, T., Schug, J., Kito, M., Ayanian, A.H., ... Visserman, M. L. (2018). Relational mobility predicts social behaviors in 39 countries and is tied to historical farming and threat. *Proceedings of the National Academy of Sciences, 115*, 7521–7526. https://doi.org/10.1073/pnas.1713191115

329. Supplemental materials. Retrieved from: https://osf.io/546dc/

第 10 章 "走"出来的路：我们从哪里来，未来将去往何方？

330. Shubin, N. (2008). *Your inner fish: A journey into the 3.5-billion-year history of the human body.* New York, NY: Pantheon Books.

331. Fisher, S. S., McGreevy, M., Humphries, J., and Robinett, W. (1987). Virtual environment display system. *Proceedings of the 1986 Workshop on Interactive 3D Graphics* (Chapel Hill, NC: ACM), 77–87. https://doi.org/10.1145/319120.319127

332. Slater, M. & Sanchez-Vives, M.V. (2016). Enhancing our lives with immersive virtual reality. *Frontiers in Robotic and AI.* https://doi.org/10.3389/frobt.2016.00074

333. Pausch, R., Snoody, J., Taylor, R., Watson, S., & Haseltine, E. (1996). Disney's Aladdin: First steps towards storytelling in virtual reality. *ACM SIGGRAPH. '96 Conference Proceedings, Computer Graphics,* 193-203. https://doi.org/10.1145/237170.237257

334. Van der Hoort, B., Guterstam, A., & Ehrsson, H. (2011). Being Barbie: The size of one's own body determines the perceived size of the world. *PLOS|ONE.* https://doi.org/10.1371/journal.pone.0020195

335. Yee, N. & Bailenson, J. (2007). The Proteus Effect: The effect of transformed self-representation on behavior. *Human Communication Research, 33,* 271–290. https://doi.org/10.1111/j.1468-2958.2007.00299.x

336. Yee, N., Bailenson, J.N., & Ducheneaut, N. (2009). The Proteus Effect: Implications of transformed digital self-representation on online and offline behavior. *Communication Research, 36,* 285-312. https://doi.org/10.1177/0093650208330254

337. Matamala-Gomez, M., Donegan, T., Bottiroli, S., Sandrini, G., Maria V. Sanchez-Vives, M.V., & and Tassorelli, C. (2019). Immersive virtual reality and virtual embodiment for pain relief. *Frontiers in Human Neuroscience.* https://doi.org/10.3389/fnhum.2019.00279

338. Peck, T.C., Seinfeld, S., Aglioti, S.M., & Slater, M. (2013). Putting

yourself in the skin of a black avatar reduces implicit racial bias. *Consciousness and Cognition, 22*, 779-787. http://doi.org/10.1016/j.concog.2013.04.016

339. Banakou, D., Hanumanthu, P.D., & Slater, M. (2016). Virtual embodiment of white people in a black virtual body leads to a sustained reduction in their implicit racial bias. *Frontiers in Human Neuroscience.* https://doi.org/10.3389/fnhum.2016.00601

340. Salmanowit, N. (2018). The impact of virtual reality on implicit racial bias and mock legal decisions. *Journal of Law and the Biosciences*, 174–203. https://doi.org/10.1093/jlb/lsy005

341. Banakou, D., Kishore, S., & Slater, M. (2018). Virtually being Einstein results in an improvement in cognitive task performance and a decrease in age bias. *Frontiers in Psychology.* https://doi.org/10.3389/fpsyg.2018.00917

342. Osimo, S.A., Pizarro, R., Spanlang, B., & Slater, M. (2015). Conversations between self and self as Sigmund Freud – a virtual body ownership paradigm for self counselling. *Scientific Reports, 5*, 13899. https://doi.org/10.1038/srep13899

343. Twedt, E., Rainey, R.M., & Proffitt, D.R. (2019). Beyond nature: The roles of visual appeal and individual differences in perceived restorative potential. *Journal of Environmental Psychology, 65*, 1-11. https://doi.org/10.1016/j.jenvp.2019.101322

Ulrich, R.S., Zimring, C., Zhu, X., Dubose, J., Seo, H-B., Choi, Y-S., Quan, X., & Joseph, A. (2008). A review of the research literature on evidence-based healthcare design. *Health Environments Research and Design Journal, 1*, 61-125. https://doi.org/10.1177/193758670800100306

344. Langer, E. J., & Rodin, J. (1976). The effects of choice and enhanced personal responsibility for the aged: A field experiment in an institutional setting. *Journal of Personality and Social Psychology, 34*, 191–198. https://doi.org/10.1037/0022-3514.34.2.191

345. Held, R., & Hein, A. (1963). Movement-produced stimulation in the development of visually guided behavior. *Journal of Comparative and Physiological Psychology, 56*, 872–876. https://doi.org/10.1037/h0040546